Animaux de compagnie et prédateurs

Un animal doux, ronronnant, câlin et, l'instant d'après, un chasseur qui gronde, guette et bondit : le chat domestique conserve, même s'il vit auprès de l'homme, le comportement naturel de son parent sauvage. C'est précisément ce mélange d'apprivoisement et d'indépendance qui rend le chat si fascinant.

Il faut aussi s'exercer à grimper.

Aux aguets et prêt à bondir.

Ulrike Müller

Le chat

Bien le soigner

Bien le nourrir

Bien le comprendre

Traduction : Stéphanie Alglave

Photos : Monika Wegler

Illustrations : Renate Holzner

TABLE DES MATIÈRES

3 Apprendre à le comprendre et s'en occuper

D Divers

Spécial enfants

S'informer

avant d'acheter un chat

Quelle est l'origine de nos chats domestiques et de nos chats de race ? A quel moment le chat s'est-il rapproché de l'homme ? La première partie de cet ouvrage répond à ces questions. Elle vous permet également de savoir quel chat vous convient le mieux.

Le chaton effectue sa première sortie.

Histoires du passé

Vénéré, choyé, toléré puis persécuté : au cours de son passé commun avec l'homme, vieux de 4000 ans, le chat domestique a été l'objet de bien des sentiments.

Les chats conquièrent la terre

On trouve des chats sauvages dans presque toutes les régions du monde. L'évolution en a fait, sur plusieurs millions d'années, de parfaits chasseurs qui maîtrisent leurs proies en les attaquant par surprise. Avec leurs sens aiguisés, leur intelligence très développée, leur force, leur ténacité et leur agilité, ce sont avant tout les grands félins sauvages qui ont gagné une place prédominante au sein du règne animal.

Un petit chat nord-africain, le chat sauvage africain ou chat ganté *(Felis lybica)*, est devenu familier de l'homme il y a environ 4000 ans. Ce fut le début de la domestication des chats.

On trouve aujourd'hui dans le monde entier des populations de chats domestiques relativement indépendants et ressemblant aux chats sauvages.

Chaton Persan âgé de douze semaines. La race est originaire d'Asie Mineure.

Voici un mâle Abyssin, au pelage roux, sur son poste d'observation. Cette race est l'une des plus anciennes.

Mais il existe également des millions de chats, répartis en plusieurs races, qui sont des animaux de compagnie aimés et choyés.

Quand le chat s'est-il rapproché de l'homme ?

Depuis 4000 ans déjà, le chat s'est pris d'affection pour l'homme. Selon certaines théories, assez vraisemblables, les chats domestiques étaient d'abord connus au Proche-Orient et seraient arrivés en Europe en passant par la Grèce. Une théorie plus ancienne et plus courante veut que l'origine du chat se situe en Egypte. Les deux théories constituent peut-être, chacune, une part de la réalité.

Le chat sauvage africain : il a été démontré que le chat sauvage africain, ou chat ganté, répandu au nord de l'Afrique, était hautement estimé dans l'Egypte ancienne. Le chat africain est mince. Il possède de grandes oreilles et une longue queue. Son pelage peut être nuancé de rayures pâles ou de taches.

Dans l'ancienne Egypte, l'homme et le chat développèrent des relations sur la base de besoins réciproques. Les chats trouvaient dans les greniers à blé des habitants du Nil une nourriture abondante. Ils entamaient sévèrement la population de rats et de souris colonisant les céréales, ce qui leur conférait l'estime des Egyptiens. Leur beauté et leur indépendance fit que l'on révéra, pendant un temps, une déesse-chatte.

Comment le chat fut domestiqué

Le processus de la domestication a été progressif. Elle tire peut-être son origine de chats plus apprivoisés que les autres, et qui aimaient vivre auprès des hommes. Leurs petits ravirent certainement aussi plus d'un amateur de chats à cette époque. Les contacts étroits avec l'homme, ainsi que les soins qu'ils recevaient ont, peu à peu, permis la sélection d'animaux particulièrement dociles.

Les Romains ont répandu les chats en Europe

Lorsque les chats domestiques égyptiens furent répandus en Europe par ces derniers, ils s'accouplèrent aussi avec les chats sauvages *(Felis silvestris)* déjà présents. Chez les chatons issus de ce croisement, le caractère sauvage est dominant. Ils ne se laissent, en général, pas apprivoiser. C'est pourquoi, malgré le mélange biologique possible des deux espèces, les chats domestiques n'héritèrent que dans une faible mesure des dispositions du chat sauvage, même à long terme. A l'inverse, les jeunes chats sauvages possédant les aptitudes de chats domestiques ne pourraient survivre dans la nature. Cela explique pourquoi les deux évolutions sont restées séparées.

Déesse et sorcière à la fois

Les hommes n'ont pas toujours apprécié les chats. Certains les aiment pour leur nature indépendante et admirent leur beauté, que d'autres trouvent inquiétante et empreinte de fausseté.

Ce British Shorthair étend la patte vers l'avant, s'étire et ronronne : c'est le signe qu'il se sent bien.

Contrairement aux petits des vrais chats sauvages, les jeunes chats domestiques héritent d'une nature assez douce.

Dans l'Egypte ancienne, au moment où il s'est rapproché de l'homme, le chat avait même le statut d'une déesse. Les Egyptiens représentaient Bastet, déesse de la bonté et épouse du dieu soleil Râ, avec une tête de chat. Comme les êtres humains, des milliers de chats étaient embaumés, momifiés et placés dans leur propre tombeau après leur mort.

En Europe, les premiers chats domestiques ont tout d'abord été admirés. Puis, lorsqu'ils ont commencé à se reproduire en grand nombre, leur présence a été tolérée parce qu'ils chassaient les animaux nuisibles, mais ils ont souvent été traités avec cruauté. Il n'est pas rare qu'une portée ait atterri dans un sac pour être noyée dans le ruisseau le plus proche. La population considérait les chats, ainsi que les chiens, comme un bon moyen d'enrichir son ordinaire, notamment en période de disette, par

exemple pendant le siège de Paris, en 1870.

Les chats souffrirent également du vent de folie religieuse qui se mit à souffler au Moyen-Age. Les hommes, obsédés par la chasse aux sorcières, les considérèrent soudain comme des animaux diaboliques.

Les chats partageaient souvent la vie de femmes d'un certain âge et qui vivaient seules. Pendant des siècles, ces femmes furent considérées comme des sorcières et persécutées. Sur ordre du Pape et de l'Inquisition, elles furent brûlées avec leur compagnon. Ce n'est qu'au XVIIe siècle que les chats gagnèrent un meilleur statut en Europe.

Dans d'autres régions du monde, où prédominaient les religions islamique et bouddhiste, les chats furent toujours bien considérés. En Extrême-Orient, en Chine et au Japon par exemple, les chats étaient vénérés et cajolés.

Trois chatons bien éveillés : ils ont audacieusement grimpé dans un arbre. Mais comment vont-ils redescendre?

CONSEIL

Si vous souhaitez acheter un chat de race, vous devriez au préalable visiter plusieurs expositions félines. Vous pourrez ainsi vous faire une idée précise des différentes races et du standard exigé pour chaque race (→ page 36). Vous y trouverez peut-être même un chaton à vendre.

Le chat aujourd'hui

Les résultats de la recherche comportementale, encore récente, ont aujourd'hui abouti à une meilleure compréhension de la nature féline.

Les progrès de la médecine vétérinaire et les efforts accrus en matière de protection des animaux permettent de limiter le fléau d'une reproduction incontrôlée des chats. De plus, les vaccins les protègent des infections.

Le nombre de chats domestiques a considérablement augmenté. On enregistre également un accroissement constant, dans le cadre de l'élevage organisé, des chats de race.

Chats domestiques et chats de race

Peu à peu, de nombreuses races sont apparues. Certaines sont issues de chats domestiques régionaux vivant en liberté. Cependant, la plupart des races se sont développées par hasard (par exemple lorsque, dans une portée, on trouvait un chat aux poils particulièrement longs, on continuait l'élevage avec celui-ci).

D'autre part, certaines caractéristiques, qui auraient dû être considérées comme des défauts génétiques, ont été utilisées pour créer des races. Ainsi, une variante des chats Persans, appelée «peke face», a été sélectionnée pour son absence presque totale de relief facial. De graves ennuis de santé comme des difficultés respiratoires, un larmoiement et des difficultés à s'alimenter en résultent. En Allemagne, il existe des lois interdisant ce type d'élevage cruel.

La plupart des chats de race sont cependant de magnifiques animaux qui ont hérité d'une grande partie de l'élégance originelle du chat sauvage, généralement couplée avec un caractère agréable et une bonne sociabilité vis-à-vis de l'homme.

Ce chaton âgé de sept semaines bondit adroitement sur sa proie.

Quel chat vous convient ?

Les chats sont têtus et ne se plient pas toujours aux exigences de leur maître. Si vous acceptez ce fait, vous instaurerez les bases d'une vie commune harmonieuse.

La nature du chat

Il est important de commencer par observer le mode de vie de l'ancêtre de notre chat domestique, le chat sauvage africain.
Le chat sauvage africain est en général solitaire Il doit trouver suffisamment de nourriture ainsi que des endroits de repos et des abris. Si d'autres chats convoitent les mêmes conditions de vie, ils seront expulsés-excepté à la période d'accouplement et d'élevage des petits.
Chats domestiques et chats de race portent encore l'héritage de leurs ancêtres. Leur instinct de chasse et de défense de leur territoire n'est cependant plus aussi prononcé.
En raison d'une caractéristique spécifique innée, de nombreux

Les chats sont très individualisés. Les frères et sœurs d'une même portée développent des caractères différents.

Les chats aiment-ils la musique?

Lorsqu'elle n'est pas trop bruyante, la musique ne dérange pas ton chat. Mais lorsque tu mets ta musique très fort, ton chat ne va pas du tout l'apprécier — tout comme le bruit ou les cris. Les chats ont, en effet, une bien meilleure ouïe que nous, les hommes. Ton chat perçoit des sons que tu n'es même plus capable d'entendre. Lorsqu'une feuille tombe doucement à terre, le chat sait exactement où elle est. Il a l'oreille si fine qu'il peut distinguer le trottinement d'une souris parmi les autres bruits de son environnement.

Maintenant, tu as une idée de la façon dont ton chat peut souffrir du vacarme. Tu le verras décamper et se cacher pendant les heures qui suivent.

chats domestiques et de race montrent, jusqu'à un âge avancé, un comportement juvénile. Ce fait, en particulier, leur permet de construire un lien social fort vis-à-vis de «leur» maître. Le propriétaire d'un chat doit donc tenir compte de «l'héritage sauvage» de son animal s'il veut une bonne entente avec celui-ci.

Ce que votre chat attend de vous

Les chats domestiques qui vivent en liberté et les chats qui peuvent sortir sont à même de satisfaire de nombreux besoins naturels sans l'intervention de l'homme. En revanche, les chats d'appartement réclament une attention particulière.

Ainsi, le chat domestique aime être à un endroit lui permettant de jouer, de découvrir, de se cacher et de se reposer (→ illustration, pages 54/55). L'alimentation, l'eau, un grattoir et une litière sont donc très importants pour le chat qui reste toujours en appartement (→ page 48).

De paisibles moments de câlins enchantent tous les chats. Les jeunes animaux, notamment, ont besoin de longues périodes de jeu, de préférence avec vous; vous pouvez aussi leur offrir des jouets (→ page 51).

Les chats supportent, en général, très mal tout changement dans leurs habitudes. C'est le cas lors d'un déménagement ou de la fermeture d'une pièce à laquelle ils avaient accès auparavant.

Les chats détestent le bruit. Ainsi, pensez à enfermer votre chat avant la Saint-Sylvestre par exemple, car beaucoup de chats ont disparu à cette occasion. Les chats passent une bonne partie de la journée à somnoler et à dormir. S'ils sont souvent dérangés à ce moment-là, leur santé peut en être altérée à la longue.

Des tentatives d'éducation inappropriées se soldent souvent par des échecs et entravent la bonne relation entre l'homme et l'animal (→ Education, page 104).

Les méthodes qui peuvent réussir avec des chiens ne conviennent pas aux chats. Ils décident eux-mêmes quand ils feront ceci ou cela. On ne peut les y obliger.

Avec leurs congénères, les chats se montrent souvent très patients et l'on voit même naître des amitiés (→ Habituer les chats aux chats, page 100). Cependant, la présence d'un trop grand nombre de chats dans un espace restreint provoque chez eux du stress, qui peut les rendre agressifs et prédisposés aux maladies.

Mais un chat ne s'habitue pas forcément à un autre. En particulier, un chat apprécie rarement de se voir mis devant le fait accompli. Il considère l'étranger comme un intrus et réagit en le rejetant. Cela peut aussi se produire vis-à-vis d'autres animaux ou de personnes étrangères (→ Chats et autres animaux domestiques, page 101).

Fiez-vous à votre préférence

Les amis des chats éprouvent souvent de la sympathie pour toutes les espèces et toutes les races. Toutefois, il se dégage toujours des préférences personnelles lorsqu'il s'agit de choisir un chat pour soi-même. Les uns aiment particulièrement les chats élégants et agiles comme les Siamois, les autres s'enthousiasment plutôt pour les Persans, plus ronds. Certains aiment qu'un chat ait conservé beaucoup de ses caractéristiques sauvages, d'autres préfèrent qu'il soit plutôt calme et aime être dorloté.

Les tempéraments typiques des différentes races et les éléments à prendre en compte pour bien s'en occuper sont résumés dans le tableau ci-après. Ces informations sont basées sur des questionnaires posés aux éleveurs et aux propriétaires de chats. En principe, il faut cependant retenir que les chats sont des individus très différents. Chacun d'entre eux a une personnalité unique.

CONSEIL

Si vous souhaitez acquérir un précieux chat de race, il est recommandé de souscrire pour lui une assurance santé. Celle-ci prend partiellement en charge les frais de vétérinaire, de pharmacie et d'hospitalisation .
Les dommages (corporels et matériels) que votre chat occasionne sont pris en charge par votre assurance responsabilité civile personnelle.

Chaton mâle âgé de cinq semaines, doté des yeux bleus typiques à son âge et dont la couleur changera par la suite.

L'Abyssin escalade élégamment ce tronc. Ce chat a besoin de beaucoup d'activité et d'affection.

Les différents types de chats

Races	Caractéristiques
Abyssin	Plein de personnalité, sensible, fidèle, doux, miaulement agréable. L'Abyssin a besoin de beaucoup d'activité et d'affection (→ page 38).
Balinais	Cette race descend du chat Siamois. Le Balinais est intelligent, imaginatif, souvent effronté et exige beaucoup d'attention. Il est le «gymnaste» des chats de race sportifs.
Birman	Le Birman aux yeux bleus brillants, nécessitant beaucoup d'affection, est très attaché à l'homme. Son tempérament équilibré est une synthèse réussie des caractéristiques du Siamois et du Persan (→ page 40).
Chartreux	Les Chartreux sont des chats dénués de problèmes, robustes et câlins, mais peu exigeants ni têtus. Ils aiment les enfants et il est facile de s'en occuper (→ page 39).
Chat des forêts norvégien	Chat actif, entreprenant et aimant la liberté. Il apprécie les enfants, est sociable et aime le plein air. Il ne se plaît pas dans un petit appartement (→ page 43).
Chat domestique commun	Peut rester en appartement ou avoir une certaine liberté. Son caractère dépend fortement de sa vie en commun avec l'homme.

Races	Caractéristiques
Chinchilla	Peu susceptible, joueur, fidèle, vif et équilibré : ces adjectifs résument le caractère du Chinchilla et du Silver shaded (deux variétés de couleur chez les Persans). Son poil est blanc, pigmenté à l'extrémité et ses yeux sont verts.
Havana	Chat oriental extravagant, brun aux yeux verts. C'est un chat pour les personnes qui comprennent bien la race féline. Il exige beaucoup d'attention.
Maine Coon	Race de chats superbes et indépendants qui peuvent aussi être laissés en liberté. Ils sont agréables, intelligents et agiles (→ page 42).
Persan	Les Persans sont considérés comme la plus calme des races de chats. Leur besoin de mouvement décroît en grande partie avec l'âge. Leur instinct de chasse n'est pas très développé (→ page 44).
Rex	Un chat intelligent, charmant, qui convient aux personnes ayant des goûts singuliers. Il est plein de vie et peu compliqué. Il se trouve mieux en appartement sous nos latitudes, comme il ne porte qu'une mince fourrure frisée.
Siamois	Une des races les plus appréciées et les plus anciennes. Elle convient aux amis des chats qui peuvent offrir à leur compagnon beaucoup de temps et d'affection(→ page 45).
Somali	Ressemble à l'Abyssin par sa robe et son caractère. Il est doux, agréable, fidèle et confiant. Un appartement doté d'un balcon lui convient.

Quelques réflexions avant d'acquérir un chat

Peu importe qu'un chaton errant vous fende le cœur ou que vous soyez décidé à acheter un chat, posez-vous au préalable quelques questions fondamentales.

Points de réflexion

1 De nombreuses personnes sont allergiques aux poils de chats. Etes-vous certain que cela n'est pas votre cas ni celui d'un membre de la famille (→ Conseils importants, page 127)?

2 Un chat vit en moyenne entre 15 et 20 ans, durée pendant laquelle vous aurez la responsabilité d'un être vivant. En êtes-vous bien conscient?

3 Il ne suffit pas de remplir l'écuelle d'un chat et de maintenir sa litière propre. Les moments consacrés chaque jour à lui parler et à le caresser sont pour lui de la plus haute importance. Ce n'est qu'ainsi que vous pourrez développer une relation harmonieuse avec votre chat (→ Apprendre à le comprendre et s'en occuper, page 88).
Les célibataires qui travaillent à plein temps, et dont le chat vit exclusivement en appartement, sont encore plus sollicités. Leur compagnon attend avec impatience leur retour à la maison. Il ne leur reste donc plus beaucoup de temps pour les loisirs à l'extérieur.
Les célibataires qui travaillent devraient tout de suite acheter deux chats, de préférence d'une même portée, car ils sont déjà de bons compagnons de jeu. Ainsi, ils pourront être certains que ceux-ci ne s'ennuieront pas.

4 Le temps passé à soigner la fourrure des chats à poils longs est plus important que pour les chats à poils courts (→ Les soins n'ont pas pour seule utilité de rendre beau, page 66).

5 Etes-vous calme? Les jeunes chatons, notamment, font beaucoup de bêtises. Ils s'accrochent aux rideaux, remuent la terre des pots de fleurs, grignotent les plantes, renversent les vases et griffent sièges et tapis.
En principe, on trouve des poils de chats sur les meubles, les tapis, les vêtements et parfois aussi dans la soupe ! Il peut également arriver qu'un chat régurgite une boule de poils en vomissant ou fasse ses besoins en-dehors de sa litière.

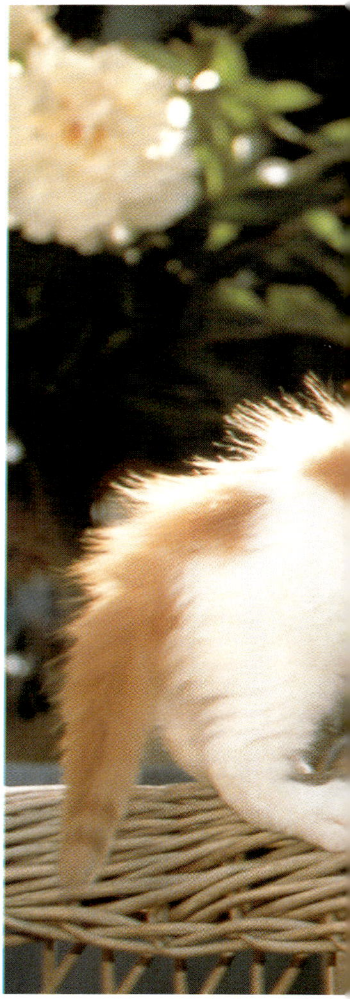

Si jeunes et déjà si curieux : deux chatons des forêts norvégiens explorant pour la première fois le jardin.

Chat de gouttière ou chat de race ?

Il n'existe pas de différence fondamentale de caractère et de comportement entre les chats de gouttière et les chats de race. L'idée qu'un chat de race ne «veut pas sortir» est très répandue. Pourtant, l'attirance vers l'extérieur n'est absolument pas fonction de la race. Il est également faux de croire

Deux amis qui ne font qu'un : ce jeune garçon caresse doucement son chat Siamois qui, visiblement, apprécie .

que les «simples» chats de gouttière sont «plus sauvages» que les chats de race.
Les chats de race peuvent aussi bien vivre en liberté que les chats de gouttière se plaire exclusivement en appartement.

Le coût d'un chat

Coût d'acquisition : il arrive souvent que des particuliers offrent des chatons. Dans ce cas, il est rare que l'animal ait été vermifugé et vacciné, et il est indispensable de consulter un vétérinaire (→ page 72).
Pour un chaton provenant d'un refuge, vous devez régler les frais de castration et de vaccination (→ page 31).
L'acquisition d'un chat de race revient à quelques milliers de francs. Les écarts de prix sont importants, car ils ne varient pas seulement en fonction des différentes races mais, également, selon qu'il s'agit d'un animal pour amateur ou d'un animal d'exposition.
Coût de l'équipement : celui-ci est davantage fonction de vos goûts que des besoins du chat.
Coût de la nourriture : il se

Les chats peuvent-ils vraiment voir les couleurs ?

On a longtemps cru que les chats ne voyaient que les différentes nuances de gris. On sait aujourd'hui qu'ils distinguent très bien certaines couleurs, par exemple le rouge et le vert, le bleu et le vert ou le jaune et le bleu.

Les couleurs n'ont pas une grande importance dans la vie du chat. La luminosité et l'obscurité jouent en revanche un grand rôle sur ses yeux, semblable à celui du diaphragme d'un appareil photo. Lorsque le soleil brille, la pupille se rétrécit. Dans l'obscurité, elle s'élargit et capte la moindre source de lumière. Le chat voit alors environ six fois mieux que toi. De plus, il peut également «entendre» avec les yeux. En effet, ceux-ci sont dotés de cellules nerveuses qui transmettent au cerveau des sons que l'homme ne peut percevoir. C'est pourquoi les chats aveugles réussissent quand même à attraper des mouches.

situe entre 100 et 200 francs par mois.

Frais de vétérinaire : environ une fois par an, il faut régler les frais de vétérinaire. Vous devriez aussi prévoir que votre chat peut tomber malade et aura besoin d'aller chez le vétérinaire.

Le chat en appartement

Un propriétaire ne peut pas interdire à son locataire de posséder un chat par l'intermédiaire d'une clause du contrat de location; en effet, de telles clauses sont prohibées depuis la loi n° 70-598 du 9 juillet 1970. Cependant, le propriétaire est en droit de réclamer l'expulsion de l'animal si celui-ci cause des dégâts à l'immeuble ou représente une nuisance pour le voisinage (→ Questions juridiques liées à la possession d'un chat, page 26). Les vocalises d'une chatte pendant ses chaleurs peuvent, par exemple, importuner les voisins dans des appartements mal insonorisés. Dans ce cas, la stérilisation peut constituer une solution (→ page 82).

Chat de race ou chat de gouttière : les deux espèces portent encore l'héritage de leurs ancêtres. Un chat vagabonde volontiers sur son territoire.

Mâle ou femelle ?

Différences de caractère : je n'ai jamais constaté chez mes chats des différences de caractère qui soient liées au sexe. Qu'un chat soit plutôt sauvage, doux, hardi ou craintif dépend de sa personnalité propre (→ page 16).

Comportements liés au sexe : les mâles et femelles non castrés montrent un comportement sexuel différencié. Pendant la période des chaleurs, la chatte est agitée et miaule de façon presque ininterrompue. Si elle n'est pas mise en présence d'un mâle, elle se roule par terre en miaulant bruyamment (→ page 84). Le mâle montre qu'il est prêt à la saillie en «marquant» d'urine l'endroit de la rencontre (→ page 84). S'il peut sortir, il parcourt de longues distances, ne revient pas à la maison pendant plusieurs nuits et se bat avec d'autres mâles pour obtenir les faveurs d'une chatte. La stérilisation supprime l'instinct sexuel. Les mâles et les femelles stérilisés établissent souvent des liens étroits avec leurs maîtres.

CONSEIL

Lorsqu'un chaton s'installe chez vous, il devrait être âgé d'au moins 8 semaines. Si on le sépare beaucoup plus tôt de sa mère, il est souvent maladif et se trouve retardé dans son évolution. C'est la raison pour laquelle un chaton de race doit même attendre 12 semaines avant d'être confié à son futur maître.

Le chat comme compagnon de jeu ?

Un jeune enfant ne devrait pas recevoir de chat comme compagnon de jeu. Il ne pourrait pas encore comprendre le caractère indépendant de l'animal et celui-ci le grifferait sûrement en cas de mauvais traitement.

Le problème est différent lorsque le chat était déjà là avant l'arrivée d'un bébé. Il ne faut donc pas se débarrasser du chat. L'enfant et le chat apprennent rapidement à se respecter et à tenir compte l'un de l'autre. Les parents devraient s'efforcer dès le début d'établir de bons contacts entre l'enfant et le chat.

Les enfants plus âgés s'en sortent souvent très bien avec un chat. Ils sont capables de comprendre le chat et de tenir compte de ses besoins. Le chat a une influence positive sur l'évolution d'un enfant. Celui-ci apprend à être responsable, et prend conscience des obligations et des devoirs qu'il a vis-à-vis de l'animal.

Ce chaton à poil long est très joueur.

En vacances avec ou sans son chat ?

Les vacances avec un chat sont possibles si l'on tient compte de quelques éléments. Ainsi, le lieu de vacances ne doit pas être trop éloigné. Les longs voyages ou les vols contraignants représentent un stress pour le chat. Si vous souhaitez passer vos vacances à l'étranger, renseignez-vous d'avance sur les formalités douanières sanitaires concernant les animaux. Le vétérinaire ou le consulat du pays concerné pourront vous renseigner.

La garde à domicile est la solution la mieux supportée par le chat si vous souhaitez partir en vacances sans lui. Cherchez d'avance quelqu'un pour s'occuper de votre animal. Les journaux locaux publient parfois des annonces de personnes recherchant de tels petits travaux.

La pension est une solution qui mérite réflexion. Un chat supporte difficilement d'être à la fois séparé de sa maison et de son maître. Sa prédisposition aux maladies s'en trouve accrue. Il est donc très important qu'il ait au préalable reçu tous ses vaccins. Dans certaines pensions, les chats mâles ne sont acceptés que s'ils sont castrés.

Questions juridiques liées à la possession d'un chat

Les chats n'ont pas que des amis parmi les êtres humains. Le propriétaire d'un chat en prend souvent conscience lorsqu'il est l'objet d'une procédure juridique.

Le vagabondage

Un chat peut se promener en toute liberté. Même s'il risque de croquer un oiseau ou un poisson, son maître n'est pas obligé de le tenir en laisse ou de l'enfermer.
De même, il peut circuler dans le jardin ou le potager des voisins : c'est à eux de prendre les protections qu'ils jugent nécessaires.
Selon le Code rural, les chiens et chats errants qui seraient trouvés sur la voie publique non munis d'un collier indiquant le nom et le domicile de leur maître ou ne portant pas de tatouage d'identification, seront mis à la fourrière. Doit être considéré comme errant tout chien ou chat inconnu et non immédiatement sous la surveillance de son maître.
Toute personne qui a recueilli un chien ou un chat errant sur la voie publique est tenue d'en aviser le commissariat de police.

Le chat dans un appartement loué

En France, depuis la loi Thome-Patenôtre de 1970, les propriétaires n'ont plus le droit d'interdire aux habitants d'une maison ou d'un appartement d'avoir un animal domestique.
Lorsqu'on possède un chat et qu'on demande le consentement du propriétaire, celui-ci doit donc l'accorder.
Mais il existe des limites aux droits acquis : la garde d'un chat est soumise aux conditions générales qui régissent la vie en appartement (respect et sécurité des autres locataires) et pour autant qu'il n'existe pas de nuisances particulières.
Il y a nuisance lorsque les chats laissent une odeur, lorsque les toilettes sont bouchées parce qu'on y a versé la litière et lorsqu'on garde un trop grand nombre de chats. Dans ce cas, le propriétaire ou les autres locataires peuvent déposer plainte (→ plus loin : Responsabilité du propriétaire).

Le chat dans un immeuble en copropriété

Une interdiction générale concernant la garde de chats ne peut normalement pas exister. Donc, la plupart du temps, les chats sont tolérés. Parfois, les copropriétaires ont le droit d'exiger que le nombre de chats soit limité..

Le contrat de vente

La vente d'un chat est réglementée par les mêmes lois que celles qui régissent les actes commerciaux. L'acheteur bénéficie donc de garanties et de recours. Certains documents doivent lui être obligatoirement remis au moment de l'achat : l'attestation de vente, tout d'abord : elle doit comporter la description de l'animal (nom, race, n° de tatouage et date de naissance), la date de vente et la date de livraison, son prix, et le nom d'un vétérinaire expert en cas de litige. Il vaut mieux inscrire sur l'attestation l'usage auquel est destiné votre chat (reproduction par exemple, ou compagnie) afin

de faciliter d'éventuelles poursuites ultérieures. Le deuxième document remis lors de la vente est la carte de tatouage qui doit être à votre nom. Enfin, l'animal doit posséder un carnet de santé précisant qu'il a été vacciné au moins une semaine avant l'achat.
Si ses parents sont inscrits au LOF (Livre des origines félines françaises), un chaton de race peut posséder un pedigree.
L'acheteur de l'animal bénéficie de garanties : il peut se retourner contre le vendeur si le chat se révèle être par exemple affecté d'une maladie. Certaines maladies graves sont considérées comme des vices rédhibitoires et permettent d'annuler la vente. C'est le cas de la leucopénie infectieuse féline. Si un vétérinaire établit un diagnostic dans des délais définis par la loi, qui correspondent à peu près à la durée d'incubation, et valent à compter de la date de livraison, l'acheteur n'est pas tenu d'apporter la preuve de l'antériorité. S'il ne parvient pas à un accord amiable avec le vendeur, il peut déposer une requête en garantie auprès du tribunal d'instance de l'endroit où se trouve l'animal. Le tribunal nomme alors un ou plusieurs experts vétérinaires.
Il est conseillé de faire pratiquer un examen vétérinaire avant l'achat (certaines associations comme la SPA le font systématiquement avant de donner un animal).

Les chats ont le droit de vagabonder, même s'ils traversent le jardin du voisin.

La carte de tatouage

C'est la carte d'identité du chat. Le tatouage, effectué par le vétérinaire, sous anesthésie, dans l'oreille du chat, est un numéro d'immatriculation qui sera communiqué au Fichier national félin (→ adresse en fin de volume). Le propriétaire conserve un volet de la carte de tatouage prouvant ses droits à la propriété de l'animal. Si un chat égaré a été recueilli, c'est grâce à ce numéro qu'on pourra retrouver son propriétaire. Le tatouage constitue donc une véritable protection pour votre chat. En outre, il faut savoir que la plupart des laboratoires d'expérimentation animale se sont engagés à refuser les animaux tatoués.

Responsabilité du propriétaire

Il existe une responsabilité civile du propriétaire du fait des animaux (article 1385 du Code Civil : «Le propriétaire d'un animal ou celui qui s'en sert pendant qu'il est à son usage est responsable du dommage que l'animal a causé, soit que l'animal fut sous sa garde, soit qu'il fut égaré ou échappé.»). Cette responsabilité est engagée s'il y a dommage corporel, préjudice matériel, troubles du voisinage (miaulements) ou préjudice moral. Elle engage également le gardien du chat, même si celui-ci n'est pas le propriétaire. Ainsi, la personne qui recueille momentanément un chat peut être tenue pour responsable des dommages qu'il cause. En effet, la responsabilité est liée à la garde plutôt qu'à la propriété.
La responsabilité du maître est cependant exonérée en cas de force majeure ou de faute de la victime.
Il est conseillé de vérifier si votre «assurance responsabilité civile-chef de famille», généralement comprise dans l'assurance multirisques-habitation, couvre bien votre animal. Attention toutefois : elle ne couvre pas les dommages causés à vous-même et à votre famille.

Le chat en voyage

Votre chat doit obligatoirement être vacciné contre la rage dans les départements atteints par cette maladie.
Les pays voisins peuvent se montrer assez exigeants : certains réclament un certificat de vaccination antirabique; d'autres réclament en plus un certificat de bonne santé récent. les dipositions légales sont sujettes à variations. Il est donc prudent de se renseigner auprès des ambassades ou de demander conseil au vétérinaire.
A noter que le certificat de vaccination antirabique est réclamé dans la plupart des campings et des garderies.

Risques liés à la circulation

Lorsqu'un chat traverse brusquement une rue et se fait renverser par une voiture, la responsabilité en incombe dans un premier temps au propriétaire du chat. Cela signifie que le propriétaire du chat doit réparer les éventuels dommages causés au conducteur.
Si le chat est blessé, le conducteur devrait l'emmener le plus vite possible chez un vétérinaire. Celui-ci lui réclamera des honoraires qui pourront être remboursés par le propriétaire du chat si on parvient à l'identifier.

Chat errant

N'acceptez pas chez vous un chat errant. En effet, il n'est pas nécessairement abandonné, il peut être simplement perdu. Sachez aussi qu'un chat trouvé doit être signalé aux instances de police. Un refuge le prendra en charge. D'autre part, un chat perdu peut être porteur d'une maladie contagieuse ou de parasites. N'hésitez pas à consulter le vétérinaire.

Braconnage

Le braconnage de chats sauvages est soumis aux règlements en vigueur. Si un chat errant se trouve sur un territoire de chasse, il faut éventuellement rechercher son propriétaire avant de chasser.

Il est recommandé d'établir un contrat de vente, en particulier pour les chats de race de valeur.

Où se procurer un chat

Bien souvent, un chat choisit lui-même son maître. Cependant, pour trouver un chaton qui vous convienne, il existe diverses possibilités.

A la campagne

Dans la plupart des fermes, on trouve des chats. Ceux-ci donnent souvent naissance à des portées non souhaitées s'ils ne sont pas stérilisés (→ Stérilisation, page 82). On vous donnera volontiers un chaton.

Il faut tenir compte des faits suivants :

- La mère est-elle plutôt sauvage ou plutôt gentille ?

Une chatte qui mène une vie relativement indépendante et qui ne sort sa nichée du foin qu'au bout de plusieurs semaines a certainement des petits plutôt craintifs, qui ne se laisseront pas apprivoiser ou difficilement (→ Résoudre les problèmes de comportement, page 112).

Un chat se cherche souvent seul une demeure qui lui plaît.

Le chaton d'une ferme peut se montrer très craintif s'il ne fait pas partie de la vie de la maison.

■ En revanche, si la chatte vit dans la maison, elle élèvera sa portée à proximité de sa famille humaine. Les petits seront alors déjà habitués aux êtres humains et le chaton d'une telle portée s'adaptera rapidement chez vous.

Le chat d'un refuge

Dans les refuges des villes, les cages des chats sont souvent surpeuplées. Un chat vous y attend sûrement.

Formalités : les refuges donnent de préférence leurs chats adultes. Ils sont déjà vaccinés et stérilisés.

Un très jeune chat peut ne pas être encore stérilisé. La personne qui l'adopte retourne, dans ce cas, au moment adéquat au refuge, où il sera procédé à la stérilisation.

En outre, de nombreux refuges envoient un délégué chez leurs clients, afin de vérifier si l'animal est bien soigné chez son nouveau maître.
En France, on peut adopter le chat d'un refuge de la SPA ; pour cela, il faut se munir d'une pièce d'identité, de l'original d'un justificatif de domicile et d'environ 500 francs. Le prix de l'animal est variable selon sa race.

Le chat errant

Il arrive qu'un chat étranger choisisse votre maison comme nouveau port d'attache. Le chat errant vous émeut et vous décidez de subsister au moins à ses besoins alimentaires pendant quelque temps.
N'oubliez pas cependant que, hormis le fait que vous devez signaler votre «trouvaille» (→ page 29), cet animal aura besoin, à terme, d'un nouveau

Les chatons sont fortement marqués par leur mère. Ainsi, elle transmet sa propre confiance dans les êtres humains à ses petits.

Les chats font-ils des rêves?

Regarde bien ton chat lorsqu'il dort. Est-ce que ses pattes et le bout de sa queue palpitent? Ses oreilles tremblent-elles légèrement? Alors, il est certainement en train de rêver. Il lui arrive parfois de ronfler ou de ronronner.
Cependant, nous ne savons pas quels sont les rêves des chats. Il est possible que ton chat rêve d'avoir attrapé une souris ou que tu le caresses.
Le rêve d'un chat dure environ six minutes.

havre. Il y a beaucoup de personnes qui nourrissent ces chats errants mais rejettent toute responsabilité et n'établissent aucune relation avec l'animal.
Cela n'est d'aucun secours pour le chat errant. Il vaut mieux soit lui chercher un acquéreur, soit le garder pour toujours.

Achat d'un chat de race

Magasin spécialisé : de nombreux magasins spécialisés donnent volontiers l'adresse d'éleveurs sérieux qu'ils connaissent personnellement.
Cat Club : si vous cherchez une race de chats particulière, adressez-vous de préférence à un Cat Club (→ adresses page 125). Vous y obtiendrez des adresses d'éleveurs qui pourront continuer de vous conseiller après la vente. Pour les races ou les couleurs de robe rares, il arrive que vous deviez attendre longtemps pour obtenir un chaton.
Expositions félines : elle vous permettent d'obtenir le maximum d'informations. Peut-être y trouverez-vous également un chaton à vendre.

Les éléments dont il faut tenir compte à l'achat

Si vous rendez visite à un éleveur pour choisir un chaton, tenez compte des points suivants :

- La mère et ses petits doivent vivre dans l'appartement de l'éleveur et ne pas être confinés dans une cage.
- Observez si l'éleveur traite ses chats affectueusement ou de manière plutôt impersonnelle.
- Consultez, avant l'achat, l'arbre généalogique de l'animal et vérifiez quelle est l'association qui l'a établi. Peut-être souhaiterez-vous un jour le faire participer à une exposition ; dans ce cas, il faut du temps et de l'argent pour modifier l'arbre généalogique constitué par une association non reconnue. Cet arbre contient le nom et la couleur des ancêtres de trois générations, ainsi que les prix reçus par les parents (→ adresses d'associations reconnues, page 125).
- Un éleveur sérieux ne donne ses chats que lorsqu'ils ont reçu tous leurs vaccins et sont âgés d'au moins 12 semaines.
- Concluez toujours un contrat de vente par écrit (→ page 27).
- N'acceptez pas de conventions particulières, comme le don d'un des chatons de la première portée à titre de paiement, le droit de rachat ou de restitution ou la saillie gratuite

1. Contrôle de la robe : des plaques dénudées sont le signe d'une maladie.

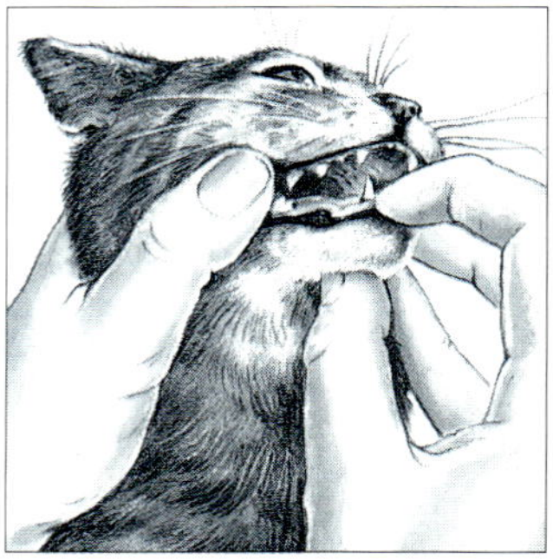

2. Des gencives rouges indiquent une inflammation.

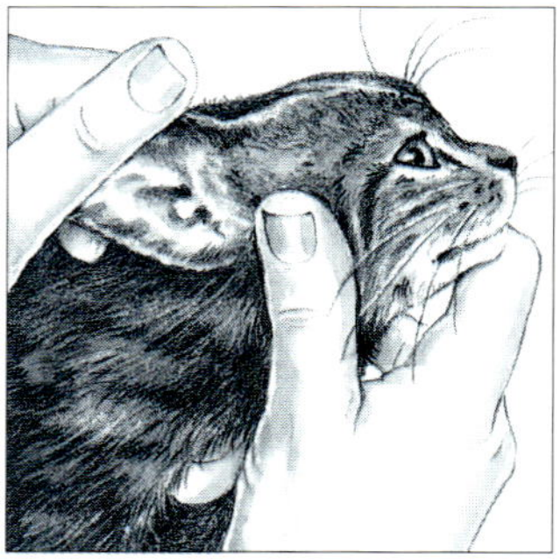

3. Vérifier la propreté des oreilles.

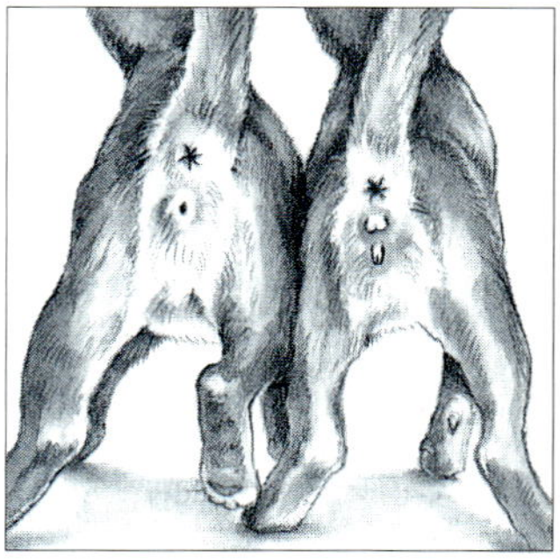

4. Différenciation sexuelle : à droite le mâle, à gauche la femelle

(→ L'élevage des chats de race, page 84).

■ Faites-vous remettre le carnet de santé et le pedigree au moment de l'achat.

Examen de santé

En choisissant un chaton, n'écoutez pas seulement votre cœur, mais vérifiez également l'état de santé de l'animal.

Comportement : des chatons en bonne santé chahutent et jouent de tout leur cœur avec leurs frères et sœurs. Entre-temps, ils font de petits sommes, souvent immédiatement après avoir joué. Ils se montrent en général d'abord réservés vis-à-vis d'étrangers, puis leur curiosité reprend le dessus. Les chatons malades, en revanche, sont assis à l'écart et semblent plutôt apathiques.

Différenciation sexuelle : c'est peu après la naissance que l'on peut différencier le plus facilement le sexe des chatons ; en effet, les parties génitales ne sont pas encore masquées par la fourrure (→ dessin 4). Mais même par la suite, il n'est pas difficile de déterminer le sexe. Chez le mâle, la distance entre l'anus et les parties génitales est plus grande que chez la chatte. L'ouverture génitale est arrondie chez le mâle et plus allongée chez la femelle.

La région périanale doit être propre. Des traces d'excréments peuvent être le signe d'une diarrhée (→ Problèmes de digestion, page 77).

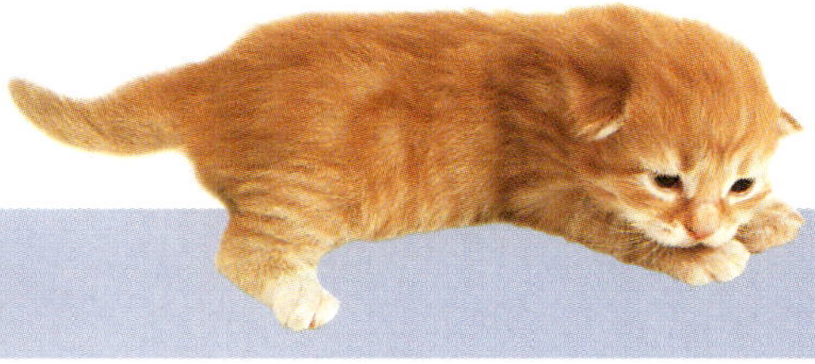

Portrait d'un chat en bonne santé

Yeux

Ils sont clairs et brillants. Des yeux rougis, collés ou pleins de mucosités sont le signe d'une maladie.

Nez

Il est froid et humide. Les narines ne contiennent pas de mucosités. L'animal n'éternue pas constamment et n'a pas d'écoulement nasal.

Oreilles

Elles réagissent à tous les bruits. Elles sont propres. Un animal qui secoue la tête et gratte ses oreilles a certainement une inflammation de l'oreille interne ou la gale (→ page 74).

Dents et gencives

La dentition n'est pas encore complètement constituée chez le chaton. Chez les chats plus âgés, vérifiez l'absence de dépôts vert-brun sur les dents (→ page 77). Les gencives doivent être de couleur pâle. Les rougeurs sont un signe d'inflammation.

Fourrure

Elle est propre, souple chez les jeunes chats et douce mais non hérissée chez les chats plus âgés. Le poil doit être brillant. La présence de plaques dénudées ou de démangeaisons constantes signale une maladie.

Ventre

Palpez doucement le ventre du chaton. Il ne doit pas paraître anormalement gros et gonflé, ce qui pourrait indiquer la présence de vers. N'oubliez pas cependant qu'un jeune chat peut très bien avoir un ventre un peu rond après le repas.

Corps

Le jeune chat est bien potelé et pas trop maigre. Chez un chat plus âgé et non gravide, un ventre qui retombe est le signe d'un excès de poids. Le poids normal d'un gracieux chat de race est d'environ 2,5 kg et celui d'un grand chat domestique, de 5,5 kg.

Les plus belles races de chats

Les races décrites ci-après sont parmi les plus populaires auprès des propriétaires de chats.

La répartition des races

L'origine des races les plus anciennes se situe dans l'Angleterre de la fin du XIXe siècle.
Les standards de race fixent l'aspect d'une race donnée et les caractéristiques que l'on peut en attendre.
Aujourd'hui, les chats de race se répartissent en quatre groupes :

- Persans et exotiques,
- chats à poils mi-longs,
- chats à poils courts,
- Siamois et orientaux à poils courts.

Couleurs et motifs de fourrure

Chez les chats domestiques comme chez les chats de race, on rencontre la plus grande diversité de couleurs et de motifs de robe. Je les ai classés en sept grands groupes. A l'intérieur d'une même race, on trouve différentes variétés de

British Shorthair mâle. Sa robe grise est dite «bleue».

couleurs ; ainsi, chez le Persan, on distingue aujourd'hui plus de 200 couleurs et motifs de robes différents.

Chats unicolores : on en trouve des noirs, des blancs, des bleus, des bruns, des chocolat, des lilas, des roux et des crème.

Chats bicolores : ces animaux ont des marques blanches plus ou moins étendues. On trouve aussi des chats presque entièrement blancs avec de petites marques de couleurs (Van turc) et des chats sombres avec des taches blanches (étoile, collerette ou gants). Les chats écaille de tortue et les chats bleu-crème se rencontrent fréquemment chez tous les chats domestiques et les chats de race. Les chats écaille de tortue sont toujours des femelles, car le roux est un caractère héréditaire lié au sexe chez les chats. Chez les chats bleu-crème, le crème et le bleu doivent être bien répartis et ne pas se présenter sous forme de taches.

Chats tricolores : ce sont toujours des femelles. La couleur écaille de tortue ou bleu-crème se combine avec des taches blanches. La combinaison entre une fourrure rayée et les teintes écaille de tortue s'appelle «tabby écaille» *(tortie tabby)*.

Chats «colourpoint» : ils ont une fourrure claire avec des parties sombres sur la tête, la queue et les pattes (Siamois, Balinais) : chez les Persans, cette variété de couleur s'appelle «colourpoint».

Chats «colourpoint» avec taches blanches : robe du Siamois avec des taches blanches uniquement sur les pattes (Birmans). Robe du Siamois avec des taches blanches irrégulières (Ragdoll).

Chats avec «tipping» : leurs poils ont une extrémité colorée. Les plus connus sont ceux dont l'extrémité des poils est noire (chinchilla, silver shaded et smoke). On trouve aussi des chats de race pure dont la robe est tiquetée de bleu, rouge ou écaille de tortue.

Chats à rayures ou «tabbies» : le poil est rayé, marbré, tiqueté

Ces chatons apprennent à chasser une fausse souris.

Abyssin lièvre aux élégantes caractéristiques typiques.

ou moucheté de gris ou de brun en général et se rencontre chez les chats sauvages, les chats domestiques et les chats de race.

L'Abyssin

L'Abyssin est l'une des races les plus anciennes. Dès le XIXe siècle, un standard fixait son apparence.

Corps : de taille moyenne, élégant, musclé ; tête plus délicate et plus longue que celle du chat domestique. L'Abyssin donne l'impression d'être enjoué et athlétique.

Robe : courte, douce et dense. Chaque poil a deux couleurs: on dit que la robe est tiquetée.

Couleur : lièvre (brun/orange chaud, tiqueté de noir) ; sorrel (rouge cuivré avec un tiquetage brun-rouge) ; bleu (gris-bleu, tiquetage bleu acier) ; beige-

Chatte Abyssin âgée de six mois.

Jeune Chartreux. Ce n'est qu'à partir de la sixième semaine que les yeux prennent leur teinte typique, allant du jaune-orangé au cuivre (voir photo page 36).

fauve (beige clair, tiquetage crème foncé) ; argent (le sous-poil est blanc-argent tiqueté d'une couleur).
Yeux : ils varient du vert au doré.

Le British Shorthair bleu et le Chartreux

Le véritable Chartreux est originaire de France. En revanche, le British Shorthair bleu, avec lequel on ne doit pas le confondre, provient d'Angleterre et résulte d'un croisement entre des chats domestiques anglais et des Persans.
Corps : de grande taille, avec un thorax musclé. Les pattes sont courtes et robustes, avec des pieds ronds et puissants. La tête est ronde avec des joues larges et un menton prononcé.
Robe : la robe à poils courts, dense et fine, au sous-poil épais, paraît pelucheuse.
Couleur : gris clair sans nuances. Un gris résultant

d'une pigmentation unie du poil est appelé «bleu» par les éleveurs.
Yeux : jaune-orangé à cuivre lumineux.

Le Birman (chat sacré de Birmanie)

Selon une légende de l'ancienne Indochine, les chats Birmans sont les descendants de la déesse du voyage des âmes, Tsun-Kyankse. L'hypothèse qui veut que ce chat résulte du croisement, effectué en 1919, de Siamois et de Persans, paraît plus vraisemblable.
En 1963, ces chats furent exportés de France en Allemagne.
Corps : sa silhouette n'est ni mince, ni trapue, mais plutôt musclée et puissante, tout en restant élégante.
Robe : longue, dense et soyeuse ; pas de sous-poil qui feutre.
Couleur : corps beige clair ; visage, queue et pattes plus sombres (comme le Siamois).
Les Birmans ont des robes de couleurs très variées. Les plus

Jolie chatte Birman bluepoint. Elle arbore des marques gris-bleu sur le visage, les oreilles, les pattes et la queue.

Mâle Burmese chocolat. Sa robe à poils courts, bien ajustée, est très fine.

connus sont le Sealpoint, dont la robe est marquée de brun, et le Bluepoint aux marques gris-bleu. Les pieds de ce chat sont «gantés» de blanc sur les orteils ou jusqu'au talon.
Yeux : bleus lumineux.

Le Burmese

Ce chat proviendrait de monastères en Birmanie, dans lesquels il résidait et était adoré par les moines.
En 1930, un Américain ramena un Burmese aux Etats-Unis. Il fut croisé avec un Siamois et ce fut le début d'un élevage planifié. Le Burmese est aujourd'hui, avec le Siamois, l'une des races de chats les plus appréciées en Amérique. Le chat résultant du croisement entre un Siamois et un Burmese est appelé Tonkinois.
Corps : de taille moyenne et plus puissant que l'aspect du chat ne le laisse supposer. Nez court, plat, tête triangulaire à ronde ; mâchoires larges, menton puissant. Le profil est incurvé au niveau du nez.
Les oreilles sont bien écartées, larges à la base, avec des extrémités arrondies.
Robe : à poils courts, avec une fourrure lustrée, épaisse, lisse et très fine, épousant étroitement le corps.
Couleur : le Burmese est à l'origine d'un brun sombre, chaud, et peut donner des jeunes de couleur noire. Aujourd'hui, on élève des Burmese bleus, chocolat, lilas, rouges, crème, écaille de tortue, bleu crème ainsi qu'écaille chocolat, écaille brun, écaille bleu et écaille lilas (→ Chats tricolores, page 37).
Chez les Burmeses, l'abdomen et le poitrail doivent être un peu plus clairs que le dos et les pattes.
Yeux : ils sont grands et très

Maine Coon mâle âgé de trois ans, tabby bleu argent. Il se prélasse dans l'herbe et bâille.

expressifs ; leur couleur est d'un ambre jaune doré.

Le Maine Coon

Ce chat n'est pas le résultat d'un élevage. Le Maine Coon provient de l'Etat nord-américain du Maine, où il vit à l'état sauvage. Cela fait déjà plus d'une centaine d'années qu'on l'y apprécie, car c'est un bon chasseur de souris. Depuis quelques années, la race des Maine Coon est reconnue et fait l'objet d'un élevage.

Corps : silhouette massive, musclée, puissante ; c'est l'un des plus gros chats de race. Le mâle peut atteindre 10 kg.

Robe : longueur moyenne, souple, avec un épais sous-poil ; pelage long sur la queue.

Couleur : toutes les couleurs sont admises, excepté un albinisme partiel (couleur du Siamois). Les variétés tabby avec des collerettes et des pattes blanches sont appréciées (→ page 37).

Une imposante apparition : un mâle Maine Coon tabby noir.

Chat des forêts norvégien, tabby noir et blanc. Sa fourrure imperméable le protège parfaitement de la pluie et de la neige.

Yeux : verts ou orangé-doré ; chez les Maine Coon blancs, yeux vairons.

Le Chat des forêts norvégien

Cette race s'est développée dans le climat froid et humide de la Norvège, et résulte certainement d'une sélection naturelle. Des spécimens particulièrement beaux ont été capturés et utilisés pour l'élevage. La race est reconnue depuis 1975.
Corps : le corps puissant et souple paraît plus haut derrière que devant. La tête est triangulaire avec un long nez droit et un menton puissant. Les oreilles ont des touffes semblables à celles du lynx.
Robe : sous-poil laineux recouvert de longs poils luisants. Sa grande collerette est impressionnante. La fourrure est imperméable et protège de l'humidité et du froid.
Couleur : elle correspond à celles de nos chats domestiques. On distingue sept groupes de couleurs différents parmi lesquels : tigré, tigré et

blanc, unicolore, unicolore et blanc.
Yeux : couleur assortie au poil.

Le Persan

Le Persan était autrefois appelé «Angora». Il est originaire d'Asie Mineure où l'on élevait principalement des spécimens blancs et où il était le jouet préféré des femmes du harem.
Corps : corps puissant sur de courtes pattes épaisses et robustes. Les grands pieds ronds et solides sont munis de 5 orteils à l'avant et de 4 à l'arrière, très rapprochés, et munis de longues touffes de poils. La queue est courte, touffue, droite, sans crochet et sans nœud.
La tête du Persan est ronde et massive, avec un crâne large et un visage rond, surmontant un cou épais et court. Les petites oreilles rondes, dressées vers l'avant, dotées de longues touffes de poils, sont implantées assez bas et espacées. Le nez est court, plat et large. La séparation entre le front et le nez, typique du profil du Persan, est appelée stop.
Des joues pleines, un menton puissant et bien développé, ainsi qu'une mâchoire large et puissante sont les caractéristiques d'un Persan bien typé.
Robe : longue, épaisse, brillante, de texture fine et d'une longueur unie.
Couleur : on recense actuellement plus de 200 couleurs.
Yeux : grands yeux ronds, bien ouverts, en général orange cuivré ou sombre. Chez les Persans blancs : bleus ou vairons. Chez le Silver shaded, le Golden shaded et le Chinchilla : verts. Chez le Colourpoint : bleus.

Ce chaton effectue seul ses premiers essais d'escalade.

Persans Colourpoint . A gauche : Sealpoint; à droite : Cremepoint.

Le Siamois

Il est apparu en Europe pour la première fois il y a 100 ans. Selon la légende, ce chat était élevé dans les temples du Siam, l'actuelle Thaïlande. Dès la fin du siècle dernier, ce chat était si apprécié qu'on le présenta à des expositions et qu'un standard de la race fut établi.

Siamois aux caractéristiques typiques.

Corps : silhouette élégante, mince, aux membres fins. Le Siamois se déplace avec grâce et souplesse. Il possède une tête triangulaire avec un long nez droit ; ses oreilles sont larges à la base et pointues aux extrémités.

Robe : poil dense, très court, brillant et épousant le corps.

Couleur : la robe typique a des extrémités foncées. Chez le Siamois Sealpoint, le corps est uniformément beige clair à brun chevreuil, les oreilles, le visage, les jambes et la queue allant d'un brun sombre intense au noir presque absolu. Outre les Siamois Sealpoint, la race affiche de nombreuses autres couleurs (par exemple : Bluepoint, Redpoint, Lilacpoint et Tabbypoint).

Yeux : le bleu lumineux des grands yeux en amande est fascinant.

Remarques : autrefois, un léger strabisme était la caractéristique des vrais Siamois. Aujourd'hui, ce défaut a presque été complètement éliminé et ferait l'objet d'une mauvaise notation dans une exposition.

La queue en crochet, autrefois typique du Siamois, est aujourd'hui considérée comme un défaut. Les animaux qui en ont une sont exclus de l'élevage.

Bien soigner son chat

Lorsque votre chat se sent bien chez vous, cela se voit : il a l'œil clair, une fourrure souple et lustrée et un corps athlétique. Son comportement enjoué révèle qu'il est heureux.

Généreuse toilette. Un chat se nettoie de haut en bas plusieurs fois par jour.

Ce dont le chat a besoin

Pour un chat d'appartement, vous devez faire quelques acquisitions afin de répondre aux besoins qui lui sont propres.

Le bac

Les bacs en plastique avec un rebord sont pratiques car ils évitent les projections de litière.

Les bacs fermés ont l'avantage d'éviter que les odeurs d'urine n'envahissent tout l'appartement. Ils doivent avoir un plafond d'environ 40 cm.

Une bonne litière est naturelle (sans amiante), elle retient les odeurs et est absorbante. La litière biologique est parfaite car elle est biodégradable.

Préparer et nettoyer le bac : mettre une épaisseur de 5 à 8 cm de litière. Il existe une pelle spéciale pour retirer les excréments (dans les magasins spécialisés), à travers laquelle la litière inutilisée retombe.

Pour se reposer, les chats aiment les endroits chauds et douillets. Un coussin souple est une bonne invitation au sommeil.

Bien protégé, ce chaton peut sommeiller à merveille, pendant que sa mère lui fait sa toilette.

CONSEIL

Vous pouvez utiliser une bassine en plastique comme bac (dimensions 50x40 cm, hauteur 15 cm), en la remplissant de litière. Pour nettoyer le bac, n'utilisez pas de désinfectant, mais simplement de l'eau très chaude. Les chats sont très sensibles aux odeurs.

Il faut retirer quotidiennement les excréments, car les chats n'utilisent pas un bac resté sale. Ils essaient de trouver un autre endroit dans l'appartement.
Le bac doit être vidé une fois par semaine et lavé à l'eau très chaude.

Bols à nourriture et à eau

Les bols à nourriture et à eau en céramique ou en porcelaine sont résistants et adaptés aux machines à laver la vaisselle et aux fours à micro-ondes. Pour les aliments humides et l'eau, des bols de 20 cm de diamètre suffisent. Pour les aliments secs, on peut utiliser un récipient plus haut et plus petit (d'environ 10 cm de diamètre).
On trouve des distributeurs d'aliments secs dans les magasins spécialisés. Les distributeurs automatiques avec minuterie sont pratiques si vous souhaitez partir en week-end et

que personne ne peut s'occuper du chat.
Nettoyer les bols : ils doivent être quotidiennement nettoyés à l'eau très chaude.

Le panier de voyage

Le panier en plastique peut facilement être lavé et désinfecté. Il est muni d'une porte grillagée, se démonte et permet ainsi un gain de place.
Des sacs spéciaux en vinyle permettent également de transporter un chat en toute sécurité : ils sont munis d'un côté d'une fenêtre en plastique transparente et de l'autre de trous d'aération, et se ferment par une fermeture-éclair.
Les paniers en osier que l'on ferme d'une grille sont jolis. Mais l'animal peut se blesser si un brin pointu se défait.

Planche à griffes

Les chats doivent aiguiser leurs griffes, car elles sont de la plus haute importance dans les combats contre des rivaux, pour capturer des proies ou grimper.
Les chats qui vivent en liberté font leurs griffes sur les troncs des arbres. Les chats d'appartement ont besoin d'un objet à gratter, faute de quoi ils grifferont fauteuils et tapis. Les magasins spécialisés vendent des planches à griffes que l'on installe de manière légèrement oblique sur un mur. Il existe également des grattoirs en carton, sous forme de poteaux ou d'arbres munis de perchoirs et de niches dans lesquels le chat peut se reposer. Certains peuvent être montés. Fixez le poteau ou l'arbre au sol, au mur ou au plafond, car un chat n'utilisera pas deux fois un

1. Chatière pour entrer et sortir.

2. Bac avec couvercle.

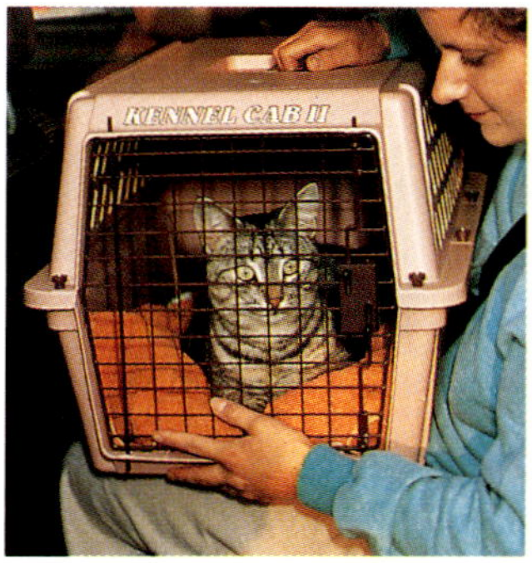

3. Panier de voyage.

Les jouets les plus divers servent à satisfaire l'instinct de jeu.

Un chat a besoin d'un arbre à grimper équipé de perchoirs et de niches pour se sentir bien. Ce chat profite ainsi de la vue.

arbre qui bouge. J'ai moi-même créé pour mes chats des objets à la fois grattoirs et jouets à partir de boîtes de lessive rondes. Il suffit d'en nettoyer l'intérieur et l'extérieur et de les recouvrir de moquette.

Panier

Dans les magasins spécialisés, on trouve de gros coussins souples, des corbeilles rembourrées et même de véritables canapés pour chats, et bien d'autres articles encore. Cependant, le chat se satisfait d'un simple carton (40 x 40 x 40 cm), que l'on peut garnir d'un tapis.
Mais le lieu que votre chat préfère par-dessus tout est et reste votre lit !

Jouets

Les chats préfèrent avant tout jouer avec un compagnon vivant. Cela peut être une souris, un autre chat ou «son» maître.
Les jouets provenant des magasins spécialisés sont surtout basés sur l'instinct de chasse du chat (→ page 95). Il est facile d'en fabriquer soi-même. Les chatons jouent par exemple volontiers avec des boules de papier journal (→ Idées de jouets astucieux, page 106).

Un territoire pour se sentir bien

Appartement, balcon et jardin peuvent devenir un véritable paradis pour les chats, si vous les aménagez en tenant compte de leurs goûts.

L'appartement

Même un appartement d'une pièce peut devenir un territoire attrayant pour un chat si l'on a quelques connaissances quant aux préférences de cet hôte à quatre pattes. Il faut tenir compte des éléments suivants :

- les chats font plusieurs fois par jour le tour de leur territoire. Plus ce tour offre de variété, mieux c'est ;
- les chats détestent les portes fermées dans un appartement ;
- ils aiment disposer de plusieurs endroits de repos à la fois ;
- ils aiment grimper et se tenir en équilibre ;
- ils préfèrent observer de haut ;
- ils aiment les cachettes et les recoins ;
- ils aiment les fenêtres, car ils

Les chats aiment se tenir en équilibre sur les clôtures et les parapets. Il est donc conseillé de tenir compte des risques que cela représente lorsqu'on possède un balcon ou un jardin.

Pourquoi les chats dorment-ils autant ?

Une journée comporte vingt-quatre heures. Ton chat dort environ seize heures. Cependant, il ne dort pas plusieurs heures de suite comme nous, les êtres humains, mais fait plusieurs petits sommes répartis dans la journée.

Le fait que ton chat ait besoin d'autant de sommeil est dû à la façon dont il se nourrit. La chasse aux souris demande beaucoup d'énergie et s'avère fatigante.

C'est aussi le cas pour un chat d'appartement qui s'entraîne à capturer sa fausse souris.

veulent observer ce qui se passe dehors.

Eliminer les sources de danger

Dans l'appartement : ne laissez pas à portée du chat des objets pointus comme des aiguilles à coudre et des épingles ou des tessons que l'animal pourrait avaler. Les chats peuvent également se brûler aux plaques électriques allumées, aux fers à repasser branchés, aux bougies ou aux cheminées sans pare-feu. Les gommes, les anneaux en caoutchouc, les jouets en plastique ou les lamelles de métal ne pourront être digérés par le chat et provoqueront de graves problèmes de santé. Les chats s'introduisent volontiers dans des cachettes comme les machines à laver, les tiroirs ou les sacs en plastique (risque d'étouffement). Mettez des sûretés dans les prises afin que le chat ne puisse s'électrocuter. Faites attention aux produits ménagers ou aux produits chimiques, qui pourraient provoquer des intoxications ou des brûlures. Ne posez pas de cigarettes n'importe où : si le chat ingère de la nicotine, il peut présenter des symptômes d'empoisonnement (→ page 81). Ne gardez que des plantes d'appartement non toxiques (→ page 56). Munissez vos fenêtres de protections (→ ci-après).

A l'extérieur : installez des protections aux balcons, afin que le chat ne puisse tomber (→ page 56). Equipez éventuellement le jardin d'une clôture légèrement électrifiée (→ page 56). Conservez les produits comme l'antigel, l'essence, l'huile de moteur ou les insecticides hors de portée des chats, pour éviter qu'ils ne s'empoisonnent gravement.

Sécuriser fenêtres et balcons

Fenêtres : un chat peut non seulement se sauver par une fenêtre ouverte, mais également faire une chute mortelle. Ne laissez pas les fenêtres entrebâillées, car un chat peut rester coincé. Avec un filet fixe à la fenêtre ou un système plus solide réalisé par vos soins, vous pouvez laisser la fenêtre ouverte en toute confiance. Vous pouvez construire vous-même un système de protection à l'aide d'un cadre en bois adapté à la fenêtre, muni d'un filet et fixé par des targettes au cadre de la fenêtre. Renseignez-vous dans les boutiques spécialisées, qui peuvent vendre de tels systèmes de protection.

L'appartement idéal

Il suffit de peu pour que le chat se sente bien. Il faut pour cela tenir compte des goûts propres à son espèce. L'important est que toutes les portes (excepté la porte d'entrée de l'appartement) restent ouvertes, afin qu'il puisse avoir accès à toutes les pièces.

Un petit paradis pour chats

Balcon : les chats l'apprécient car c'est un poste d'observation offrant une grande diversité. Un filet (1) prévient les risques de chute. La rambarde du balcon est doublée d'une planche (2), afin que le chat puisse s'y allonger confortablement.

Appartement : les chats parcourent leur territoire plusieurs fois par jour. Le «parcours pour chats» (3), constitué de plusieurs étagères et d'armoires bien disposées, transforme la ronde du chat en aventure. A côté de l'appui de fenêtre élargi (4), se trouve de l'herbe à chats (5) pour grignoter (→ page 62). Un coussin rembourré (6) sert de lieu de repos. Un tissu posé sur un radiateur (7) permet de s'y allonger. Assurez-vous, en achetant des paniers, que tous les capitonnages et coussins soient faits de tissus lavables.

Les jouets (8) pour se distraire ne doivent pas manquer.

Même un baril de lessive vide

Voici un appartement répondant aux besoins d'un chat.

(9) à faire rouler est une bonne distraction. Le poteau à grimper (10) dissuade le chat de faire ses griffes sur les meubles. Ce poteau permet en outre de grimper et de faire de la gymnastique. Si vous n'avez pas de place pour installer ce genre de poteau, vous pouvez fixer au mur une planche à griffes (11), peu encombrante.

Il faut aussi un endroit pour l'écuelle du chat et pour sa litière.

Cuisine : les récipients sont posés sur une petite toile en PVC. Les chats renversent volontiers la nourriture de leur bol. Une petite toile évite d'avoir à nettoyer le sol.

Salle de bains : la litière se trouve dans la salle de bains. Elle doit être installée dans un endroit calme. Le sol d'une salle de bains est en général carrelé et donc facile à nettoyer.

Balcon : il n'est pas rare qu'un chat fasse une chute mortelle. On trouve des filets adaptés à toutes les tailles de balcons, qui se fixent par des tendeurs (disponibles dans les magasins spécialisés).

Un jardin sans risques

Le seul risque n'est pas que le chat sorte dans le jardin, mais que, par exemple, un chien étranger y pénètre et lui donne la chasse. C'est pourquoi il est très important que votre compagnon puisse à tout moment rentrer dans la maison ou l'appartement.

Chatière : une chatière installée sur la porte de la maison, de la terrasse, ou de la cave, permet à l'animal d'entrer et de sortir librement (→ photo, page 50). On les trouve dans les magasins spécialisés. Il est possible de les monter soi-même ou de les faire poser par un spécialiste.

Certaines chatières permettent d'éviter que des chats étrangers ne rentrent. Elles ne s'ouvrent que si le chat porte à son collier la «clé magnétique» adaptée.

Clôtures : Pour rendre un jardin sûr, une simple clôture recourbée vers l'intérieur pour empêcher le chat de passer par-dessus est bien souvent suffi-

Attention aux plantes

Les chats grignotent volontiers de la verdure. Si on ne leur donne pas une herbe à chats spéciale, ils mangeront des plantes qui ne leur conviennent pas et qui sont parfois susceptibles de les empoisonner.

Sont toxiques pour les chats :

aconit, adonis, anémone pulsatille, anémone, aristoloche, azalée ● belladone, buis, chélidoine, chlorophytum, ciguë, colchique, croton, cytise ● daphné, datura, dieffenbachia, digitale, dryoptéris ● épicéa, érythrine, euonymus, euphorbe des jardins ● fanes de pomme de terre, févier, fougère-aigle ● genêt, grande ciguë, gui, gypsophile ● haricot d'Espagne, hépatique ● jacinthe ● kalla ● laurier-rose, lierre, lupin ● morelle noire, muguet ● narcisse ● perce-neige, petite ciguë, philodendron, pied d'alouette, poinsettia, prèle, primevère ● renoncule, ricin, robinier ● sapin, sureau ● tabac, tomate, trollius.

Sont inoffensives pour les chats :

Cetaines plantes sont bonnes pour vous comme pour votre chat. Vous pouvez les faire pousser sur votre balcon ou au jardin (→ Herbe à chat, page 62)

cyprès ● grande camomille ● herbe à chats ● mélisse, menthe aquatique ● onagre à grandes fleurs ● thym commun, thym serpollet ● valériane.

Lorsque la fenêtre est protégée par un filet, les chats peuvent s'installer sans risque sur l'appui de fenêtre.

sante. On peut entourer les grands arbres d'un grillage afin que les chats n'y grimpent pas. Vous pouvez également entourer votre jardin d'une clôture électrifiée. Si votre chat la touche, il reçoit une légère décharge qui le dissuade de s'enfuir par cette voie. Cela ne lui fait aucun mal. Il est en général possible de «désamorcer» la clôture au bout de quelques semaines, car les chats apprennent rapidement à éviter les mauvaises expériences.

Une alimentation saine

Une souris fraîche au menu de votre chat remporterait certainement le plus grand succès. Cependant, il n'est pas nécessaire de lui fournir une proie vivante pour le nourrir de façon équilibrée.

Les aliments préparés sont bons pour la santé

Aucun propriétaire de chat n'est en mesure de nourrir son chat avec des proies vivantes. De plus, le risque que des germes et des parasites soient transmis au chat serait très élevé (→ page 76).

Nourrir le chat de manière équilibrée et saine n'est cependant pas un problème. On trouve une grande variété d'aliments complets préparés pour chats, offrant des goûts divers tels que bœuf, volaille, poisson, gibier ou agneau.

Les boîtes contiennent tout ce dont le chat a besoin : protéines, matières grasses, hydrates de carbone, vitamines, minéraux et oligo-éléments, et correspondent dans une large mesure aux qualités nutritionnelles d'une proie vivante. Elles sont toujours prêtes, faciles à stocker et rapides à servir. On trouve dans le commerce différents types de boîtes de marques diverses. Vous pouvez comparer leurs compositions en consultant les étiquettes. Elles contiennent un mélange de viande, céréales, légumes et levure.

Les aliments secs sont également complets, offrent des goûts variés et des morceaux de tailles variables. La différence avec les boîtes réside dans le taux d'humidité (il est de 75% dans les boîtes et seulement de 15% dans les aliments secs). C'est pourquoi il est très important de toujours donner au chat de l'eau en complément des aliments secs, afin de couvrir le besoin de liquide de celui-ci. Les aliments secs sont plus concentrés et plus énergétiques que les boîtes, il faut donc en proposer une ration moindre à l'animal. Pour les quantités, reportez-vous aux indications de l'emballage.

Régime

Il existe de nombreux cas où le chat a besoin d'un régime. La décision est alors prise par le vétérinaire. On trouve d'excellents aliments de régime pour les chats, qu'il convient d'utiliser s'il y a surpoids, une maladie rénale, des problèmes d'assimilation, des allergies ou une diarrhée persistante. Les régimes à haute teneur en protéines sont

Pour boire, les chats creusent leur longue langue comme une cuillère afin de pouvoir laper leur boisson.

Conseils pour une alimentation appropriée

Nombre de repas par jour	Jeunes chatons : 3 à 4, chats adultes : 1 à 2, chats âgés : 3, chattes gravides : 1 à 2, chattes allaitantes : 3 à 4.
Viande	Uniquement cuite mais ne doit pas être l'aliment exclusif.
Quantités	Boîtes : jeunes animaux : environ 90 grammes, chats adultes : environ 200 à 300 grammes, chattes allaitantes : environ 450 grammes par jour.
Récipients	Nettoyer chaque jour à l'eau très chaude.
Lieu des repas	Toujours le même, dans un endroit calme.
Qualité des aliments	Comparez les compositions inscrites sur les étiquettes.
Restes	Les éliminer immédiatement, sinon des germes peuvent se développer.
Température	Ne jamais sortir directement les aliments du réfrigérateur, mais les servir tièdes.
Moments des repas	A heures régulières chaque jour, de préférence le matin et le soir.
Changements d'aliments	Les chats aiment leurs habitudes, il est donc difficile de les habituer à une autre nourriture. Si les aliments préparés sont de bonne qualité, il est inutile d'en changer.
Aliments pour chiens	Ne contiennent pas assez de protéines ; n'en donner qu'à titre exceptionnel.
Os	Dangereux ; les os de volailles notamment peuvent rester coincés dans la gorge de l'animal.
Amateurs de souris	Même les chats qui ont l'occasion d'attraper des souris doivent être nourris régulièrement.
Après le repas	Les chats aiment leur tranquillité ; ne jouez pas avec eux à ce moment-là.
Aliments en purée	Ne sont recommandés que pour les chats âgés ou malades.

Si plusieurs chats vivent chez vous, chacun devrait avoir sa propre écuelle, afin d'éviter les disputes.

très reconstituants après une grave maladie.
Les aliments de régime existent sous forme sèche ou en boîtes.
Pour les problèmes bénins d'estomac et d'intestin (diarrhée, constipation), le régime suivant s'est avéré efficace :
régime estomac-intestin : laisser d'abord le chat jeûner pendant 1 à 2 jours, puis le mettre au régime pendant 3 à 5 jours.
Recette : mélanger 2 volumes de fromage blanc grumeleux avec un volume de purée de pomme de terre (additionnée d'eau).
Donner, de manière répartie dans la journée, cinq petites portions fraîchement préparées (environ une cuillère à soupe pleine).
Au bout de 2 à 3 jours, le fromage blanc peut être remplacé par de l'agneau, du bœuf, du veau, de la volaille ou du poisson cuits .
Comme l'organisme perd beaucoup de liquide en cas de diarrhée, le chat doit toujours disposer d'eau fraîche, à laquelle vous pouvez ajouter une pincée de sel.

Allergies alimentaires

Il arrive parfois que des chats contractent des allergies provoquées par des ingrédients présents dans les aliments préparés (→ page 58). Seul un vétérinaire est la plupart du temps à même d'en trouver les causes. Des régimes spéciaux facilitent le diagnostic et permettent de remédier à l'allergie.

Boissons

La meilleure boisson est l'eau. Le récipient d'eau doit être nettoyé et rempli d'eau fraîche chaque jour, et placé dans un endroit toujours accessible. De nombreux chats préfèrent l'eau stagnante des vases, des aquariums ou d'une flaque. Mais tant que les chats disposent d'eau fraîche dans leur récipient, cela n'est pas un problème. Certains chats aiment boire les gouttes d'eau s'échappant des robinets ou lapent même celle de la cuvette des WC.
Le lait contient beaucoup de protéines et de calcium et c'est donc un aliment précieux pour les chattes qui allaitent. Le lait doit toujours être entier et jamais écrémé. Ne le coupez pas non plus d'eau. Le lait de chatte est un peu plus gras et protéiné que le lait de vache. Le lait condensé doit en revanche être dilué.
Si beaucoup de chats aiment le lait et le supportent bien, il provoque la diarrhée chez cer-

tains. L'élément responsable est le sucre du lait (lactose) et non, comme on le suppose souvent, les matières grasses du lait. Le lactose est cependant éliminé lorsque le lait fermente, et l'effet laxatif du lait fermenté, du yaourt et du fromage blanc disparaît.

Herbe à chat

les chats grignotent volontiers de la «verdure». On ne sait pas exactement pourquoi, mais l'on suppose que celle-ci a une fonction digestive. Les chats à poils longs, notamment, ingèrent beaucoup de poils en faisant leur toilette avec leur langue. Le fait de manger des plantes leur permet de vomir des «chapelets de poils» qui se sont amassés dans l'estomac.

Les chats raffolent en particulier du scirpe, mais aussi de l'herbe normale, de l'avoine, du blé et de l'herbe à chats, que l'on peut acheter cultivée en petits pots dans des magasins spécialisés.

Préparer le repas soi-même

Qui ne souhaiterait régaler un jour son chat d'un repas fait maison ? Il m'arrive souvent de cuisiner moi-même pour mes chats. Cependant, je vous

Ce chat fait le guet devant le trou d'une souris.

Si la souris s'aventure à l'extérieur, le chat saisit l'occasion.

La souris n'est pas toujours achevée immédiatement d'un coup de dents dans la nuque. Le chat joue encore un certain temps avec sa proie.

conseille expressément de ne pas cuisiner exclusivement vous-même pour votre compagnon, car il est difficile de préparer une nourriture équilibrée. Vous devez absolument veiller à ce que la nourriture contienne certains éléments nutritifs en quantité suffisante.

Une carence ou un excès de substances primordiales sur une courte durée peut, dans un premier temps, déséquilibrer l'organisme du chat. Peuvent ensuite survenir des troubles graves si le chat est mal nourri pendant un temps assez long. Les substances les plus importantes, dont une carence peut provoquer des problèmes de santé chez le chat, sont la vitamine B1, la vitamine E, la vitamine A, l'acide arachidonique, et le calcium.

Même un excès de certaines substances sur une durée assez longue peut entraîner des troubles; c'est le cas, par exemple pour un excès de vitamine A, de vitamine D ou de calcium.

Menus

J'ai composé pour les chats les menus suivants, de façon à ce qu'ils contiennent tout ce qui est nécessaire pour une alimentation saine. Mes propres chats en raffolent. N'oubliez pas, cependant, que l'on peut très rapidement gâter un chat. Après un menu vraiment délicieux, il ne voudra peut-être plus rien manger d'autre. Ce genre de repas ne doit donc être proposé qu'exceptionnellement.

Chaque recette correpond à la ration journalière d'un chat adulte qui n'allaite pas.

Menu de Noël

200 g de carpe
1/4 de tasse de riz cuit
1 cuillère à café de beurre
1 pincée de sel

Cuire la carpe à l'étuvée dans un peu d'eau pendant 20 minutes, ajouter le riz cuit, incorporer la cuillère à café de beurre et assaisonner avec la pincée de sel.

Rôti de Pâques
100 g d'agneau
1 cuillère à café d'huile
1 pincée d'herbes de Provence
1/4 de litre de bouillon de viande
Couper l'agneau en petits morceaux et les faire cuire dans l'huile. Mélanger avec les herbes de Provence puis ajouter le bouillon. Laisser le tout mijoter une trentaine de minutes. La purée de pommes de terre préparée à l'eau est un bon accompagnement.

Après chaque repas, le chaton lèche abondamment son petit museau.

Pourquoi les chats attrapent-ils des souris ?

Les chats vivent déjà depuis très longtemps près des hommes. Cependant, ils sont restés des animaux prédateurs, comme leurs cousins les grands félins, dont font partie les lions, les tigres ou les léopards. Les proies de nos chats sont cependant beaucoup plus petites : leurs préférées sont les souris. L'instinct de chasse est inné chez le chat. Même si tu nourris régulièrement ton chat, celui-ci ne laissera pas échapper une occasion de capturer une souris qui passerait à sa portée.

Les chats ont beaucoup de patience lorsqu'ils chassent. Ils peuvent rester calmement assis devant un trou de souris pendant des heures. Si la souris sort enfin sa tête, le chat attend d'abord patiemment. Il ne faut pas que la souris sente le danger et regagne son trou. Si elle s'aventure alors davantage à l'extérieur, le chat saute à la vitesse de l'éclair et l'attrape.

Que faire si ton chat te ramène une souris ? Cela te paraîtra peut-être dégoûtant, mais pour ton chat, c'est une grande preuve d'affection. Ne le gronde donc pas. Prends-lui la souris s'il est d'accord et remets-la dans le jardin. Si elle est déjà morte, tu peux l'y enterrer.

Le chat mouille ses pattes avec la langue pour se laver le visage.

Oisillon rôti

1 petit blanc de poulet
1 cuillère à café de beurre
1 pointe de couteau de pâte de vitamine (magasin spécialisé)

Cuire à l'étuvée le petit blanc de poulet pendant une trentaine de minutes, puis le sortir et étaler dessus la pâte de vitamine. Couper la viande en petits morceaux.

Goulasch

1/2 rein de bœuf
1 cuillère à soupe de nouilles cuites
1 cuillère à café de flocons de levure

Faire tremper le rein 3-4 heures dans du lait, le mettre 10 minutes dans une cocotte et le couper en petits morceaux. Y mélanger les nouilles et parsemer d'une cuillère de flocons de levure.

Les soins : pas seulement pour la beauté

Bien s'occuper de son chat signifie aussi lui donner une bonne hygiène. Celle-ci permet en outre de repérer très tôt les signes de maladie.

Matériel de soin

Pour les chats à poils courts: peigne fin en métal, brosse en soies naturelles, éponge en velours et peau de chamois.
Pour les chats à poils longs: peigne en métal à dents larges et à dents fines, brosse en soies naturelles, étrille et démêloir pour défaire les nœuds de la fourrure.

Soins du pelage

Il ne faut peigner les chats à poils courts qu'au moment où ceux-ci perdent leurs poils.
Les chats à poils longs et les Persans doivent être peignés et brossés régulièrement. En effet, les poils avalés au cours de la toilette s'agglutinent dans l'estomac pour former des boules (trichobézoards) que les chats vomissent en général. Chez les Persans notamment, elles peu-

Soin naturel des ongles : le Persan affûte ses griffes sur le tronc de l'arbre.

La langue recouverte de papilles cornées est un outil formidable pour la toilette.

vent entraîner une constipation, voire une occlusion intestinale.

Peigner et brosser

Chats à poils longs : prenez le chat sur les genoux et commencez par le peigner sur le ventre à l'aide du peigne à dents larges dans le sens du poil. A cet endroit se trouve un épais sous-poil qui s'emmêle rapidement. Passez ensuite le peigne à dents fines sur tout le pelage, de la tête à la queue. Vérifiez en même temps s'il n'y a pas de parasites (→ page 72) et inspectez également la peau. Pour finir, brossez l'animal soigneusement.

Chats à poils courts : peignez d'abord le poil avec le peigne fin, passez ensuite l'éponge en velours humide puis la peau de chamois humide dans le sens du poil, ce qui permettra de

Points de santé à contrôler pendant le brossage		
	Chats sains	**Chats malades**
Yeux	clairs, brillants, ouverts	larmoyants, collés, écoulements
Région périanale	propre	souillée d'excréments
Respiration	calme, régulière	rapide, saccadée
Pelage	brillant, propre	émoussé, gras, sale, poils écartés, avec des parasites (→ page 72)
Peau	sèche, lisse	écailleuse, grasse, taches rouges
Excréments	humides, mous, gris sombre	semi-liquides ou liquides, rouge à bruns
Nez	humide et froid	sec, écoulement transparent ou jaune
Oreilles	entièrement propres	dépôts sales(→ page 74), rouges, enflammées
Comportement	éveillé, enjoué, câlin	apathique et indifférent
Dents	blanches, sans dépôt	dépôt gris brun (→ page 77)
Gencives	rouge bien clair	blanches, rouge foncé

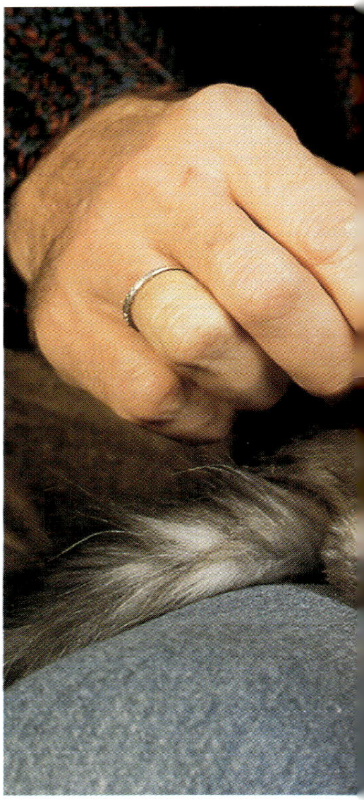

Les chats à poils longs doivent être familiarisés dès le début avec le peigne et la brosse.

détacher encore de nombreux poils.

Défaire les nœuds

Chez les chats à poils longs se forment souvent de petits nœuds. Pour les défaire, séparez- les avec les doigts (→ illustration, page 71) ; démêlez-les ensuite avec l'étrille ou le démêloir ou coupez-les si nécessaire avec les ciseaux à effiler (magasin pour animaux).

Le bain

Un chat ne doit être baigné que lorsque son pelage est très sale ou bien un ou deux jours avant une exposition. Des bains trop fréquents abîment sa peau. De plus, la plupart des chats ne les aiment pas et s'enfuient à la première occasion. La meilleure manière de leur donner un bain est décrite page 71.

Un chat bien soigné

Le chat est par nature très propre. Il nettoie soigneusement son pelage plusieurs fois par jour, et c'est à tort que l'on parle de «toilette de chat». Celle-ci doit cependant être complétée par quelques mesures d'hygiène.

Nettoyer les yeux

Les yeux du chat sont normalement clairs et propres. Les petites sécrétions peuvent être retirées à l'aide d'un mouchoir en papier humide (→ illustration 1). Dans ce cas, essuyez toujours doucement de l'extérieur vers l'intérieur.
Symptômes de maladies: un fort larmoiement soudain peut être déclenché par la présence d'un corps étranger.
Beaucoup de chats Persans ont un écoulement lacrymal persistant dû à leur nez court, résultat de la sélection. De plus, ce problème est souvent doublé d'un rétrécissement du canal lacrymal. La seule solution consiste à essuyer l'écoulement plusieurs fois par jour avec un mouchoir en papier.

Inspection des oreilles

Les oreilles des chats sont normalement propres. Il peut néanmoins arriver que les pavillons soient sales - en particulier chez les chats qui se promènent. Dans ce cas, essuyez-les doucement avec un mouchoir en papier humide.
Symptômes de maladies : si le chat secoue souvent la tête et se gratte l'oreille, cela signifie qu'il est affecté par la gale des oreilles, dont vous reconnaîtrez les excréments formant de petits tas sombres (→ page 74). Les maladies de peau occasionnent aussi ce type de comportement. Il faut absolument consulter votre vétérinaire.

Inspection des dents

Vous devez de temps en temps contrôler la dentition de votre chat (→ illustration, page 34). Les chats domestiques et les chats de race ont tendance à avoir du tartre et des gencives enflammées.
Symptômes de maladies : le

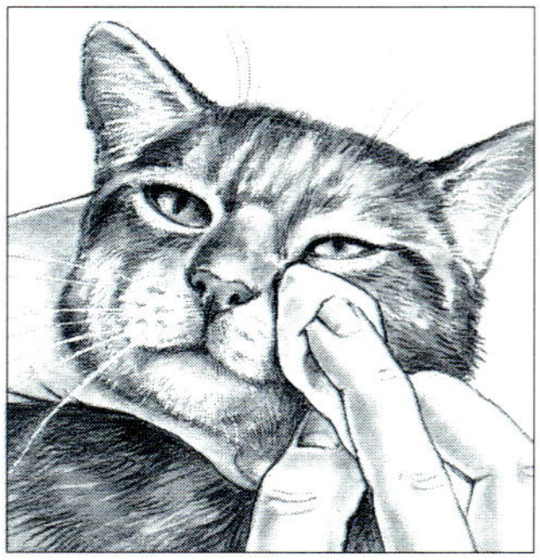

1. Retirer les sécrétions avec un mouchoir en papier.

2. Si le chat est très sale, il faut le

3. Le poil est nettoyé avec une pou

r.

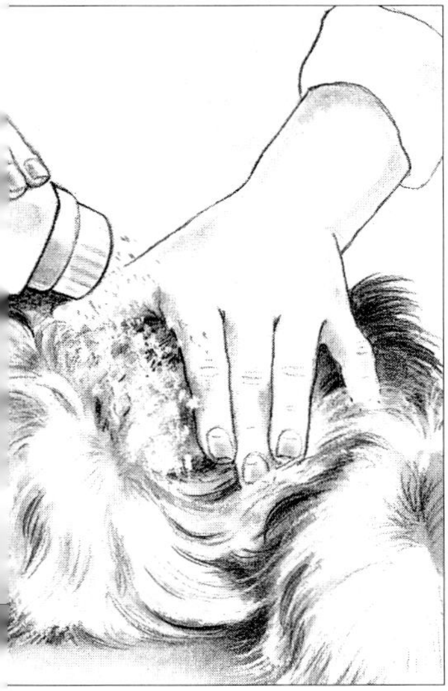

ciale.

4. Sécher le pelage humide avec une serviette préalablement chauffée.

tartre se présente sous forme d'épais dépôts brun-gris et se traduit souvent par une mauvaise haleine. Le détartrage doit alors être effectué par un vétérinaire pour éviter une inflammation des gencives.

Le bain

Dans des cas exceptionnels, on donne un bain aux chats (→ page 69). Baignez de préférence l'animal dans une eau de 30 à 35°C et utilisez un shampooing pour bébé ou un shampooing spécial. Maintenez le chat d'une main par les pattes avant et lavez-le avec l'autre main - la tête reste sèche ! Après le bain, entourez le chat d'une serviette et séchez-le doucement. Laissez le chat dans la pièce chauffée jusqu'à ce qu'il soit complètement sec.

5. Défaire doucement les nœuds avec les doigts.

Inspection de la région périanale

Des traces d'excréments sont signe de diarrhée. La région périanale et la fourrure qui l'entoure se nettoient avec un linge humide. Une diarrhée persistante est le signal d'alarme de nombreuses maladies graves. Consultez un vétérinaire.

Soin des griffes

Chez de nombreux chats d'appartement, les griffes deviennent beaucoup trop longues. Elles doivent alors être coupées à l'aide d'une pince spéciale (magasins pour animaux). Veillez à ne pas entamer la partie irriguée des griffes. Le meilleur moyen consiste à regarder les griffes à la lumière. Si vous avez un doute, mieux vaut laisser faire un vétérinaire.

Soins préventifs et maladies

Comme tous les êtres vivants, les chats ne sont pas invulnérables aux maladies. Vous pouvez néanmoins les faire vacciner à titre préventif contre les maladies infectieuses les plus dangereuses.

Prévention pour l'homme et l'animal

Chaque chat, qu'il s'agisse d'un chat domestique ou d'un chat de race, devrait être immédiatement présenté à un vétérinaire dès son arrivée chez vous. C'est la seule personne capable d'estimer précisément l'état de santé de l'animal, de rechercher la présence de parasites et de vous conseiller quant aux vaccinations.

Les vaccinations constituent la meilleure protection contre les maladies infectieuses dangereuses, comme la panleucopénie infectieuse féline ou typhus, ou encore le coryza (→ tableau, page 79). L'efficacité de la vaccination n'est cependant garantie que si le chat est vacciné dans certains délais (→ Tableau de vaccination, page 74).

Les traitements vermifuges éliminent des parasites intestinaux du chat tels que le ténia ou les oxyures (→ page 75). Comme ces parasites peuvent également infester l'homme, les chats seront traités tout jeunes à titre préventif.

Traitement vermifuge

Les jeunes chats sont vermifugés à l'âge de 2 semaines, puis chaque semaine jusqu'à l'âge de 12 semaines.

Les chats âgés de 13 semaines et plus et les chats adultes sont vermifugés environ tous les 3 mois.

Les chats d'élevage sont vermifugés deux semaines après la naissance, puis tous les 15 jours jusqu'à leur adoption.

En cas d'infestation importante, le chat doit immédiatement être vermifugé. Il faut répéter le traitement au bout de 2 à 3 semaines.

Parasites externes

Les spécialistes les appellent des ectoparasites : il s'agit des parasites qui colonisent la peau ou le poil des chats.

■ Puces : on reconnaît les puces à leurs excréments formant de petits points noirs, visibles lorsqu'on peigne le chat.

Traitement : il existe plusieurs excellents traitements contre les puces (sous forme de solutions à avaler, de gouttes, de poudre ou de shampooing).

Mieux vaut prévenir que guérir. Vous pouvez prendre quelques mesures pour éviter que votre chat ne tombe malade.

L'environnement du chat - à savoir son panier, sa couverture et le sol - doit être également désinfecté.

Un collier anti-puces, qui libère de l'insecticide pendant 3 à 4 mois, peut agir à titre préventif. Cependant, le chat est constamment en contact avec un produit toxique. De plus, il est arrivé que des chats s'étranglent avec leur collier.

■ Poux : les poux jaune clair des chats vivent sur sa peau. Ils s'attaquent principalement aux animaux mal soignés et affaiblis, mais pas aux hommes. On peut les voir à l'œil nu.

Traitement : identique à celui des puces, voir page 72. Il est inutile de désinfecter l'environnement, car les poux vivent exclusivement sur leur hôte.

■ Tiques : elles s'accrochent à la peau du chat pour sucer son sang. Elles sont fréquentes au printemps et à la fin de l'été.

Traitement : après chaque promenade du chat, vérifiez la présence de tiques, notamment pendant la saison chaude. Retirez les tiques par un mouvement rotatif à l'aide d'une pince, dans un sens ou dans l'autre. Un collier anti-tiques agit à titre préventif (→ collier anti-puces, ci-dessus).

■ Gale des oreilles : elle touche l'intérieur de l'oreille et se traduit par un dépôt ayant l'aspect de croûtes. Le chat secoue constamment la tête et se gratte l'oreille. La maladie se transmet d'un animal à un autre.

Traitement : le vétérinaire nettoie le conduit auditif et applique une pommade traitante.

Tableau de vaccination

Age		Panleucopénie infectieuse féline	Coryza	Leucose	Rage	PIF (Péritonite infectieuse féline)
Premier vaccin	9e semaine	●	●	●		
	12e semaine	●	●	●	●	
	16e semaine					●
	19e semaine					●
	1 an	●	●	●	●	●
	2 ans		●	●	●	●
	3 ans	●	●	●	●	●
	4 ans		●	●	●	●

Important : les vaccins ne sont pas efficaces immédiatement. Il faut 1 à 2 semaines avant qu'ils n'agissent.

Voici une famille active, éveillée : sous la garde de leur mère, ces chatons s'aventurent sur l'arbre le plus proche.

Parasites internes

Les spécialistes parlent d'endoparasites. Ils s'attaquent aux intestins et à d'autres organes du chat. Les plus fréquents sont le ténia et les oxyures.

■ Oxyures : les chats adultes contractent souvent ce type de vers en absorbant leurs œufs, qui se trouvent sur le sol ou dans leur pelage. Les chatons nouveau-nés peuvent être contaminés par le lait de leur mère. Si l'infestation est légère, il n'est pas aisé de distinguer quelques vers isolés dans les excréments. Si l'infestation est sévère, le chat peut vomir des vers.

Traitement : le vétérinaire dispose de traitements appropriés. Les chats non vermifugés maigrissent et leur poil devient terne. Les jeunes chats peuvent subir un retard de l'ensemble de leur développement corporel. Il arrive, dans de rares cas, que les oxyures parasitent aussi les êtres humains.

■ Ténia : le ténia du chat est un parasite fréquent. Il se transmet par l'ingestion de souris infectées. Celles-ci sont porteuses de larves du ténia. Une certaine espèce de ténia est également transmise par les puces. Des parcelles du ténia en forme de grains de riz sont

expulsées avec les excréments. On peut les repérer dans les excréments ou dans les poils entourant la région anale.
Traitement : le vétérinaire dispose de traitements sûrs et sans danger pour chaque type de ver.

Toxoplasmose

Le chat peut contracter cette maladie en mangeant des souris infectées ou de la viande crue. Si l'animal ne mange jamais de viande crue, n'a pas de contact avec les excrétions d'autres chats et n'a pas l'occasion d'attraper de souris, toute contamination est exclue.
Chez le chat, la toxoplasmose peut passer inaperçue sous la forme de troubles intestinaux. Presque toutes les personnes qui ont des contacts fréquents avec des animaux ou mangent volontiers de la viande crue ont déjà eu la toxoplasmose.
Les femmes enceintes qui ont des chats devraient par sécurité se soumettre à une recherche d'anticorps de cette maladie. Si elles ne sont pas immunisées, elles devraient prendre les plus grandes précautions d'hygiène en s'occupant du chat.

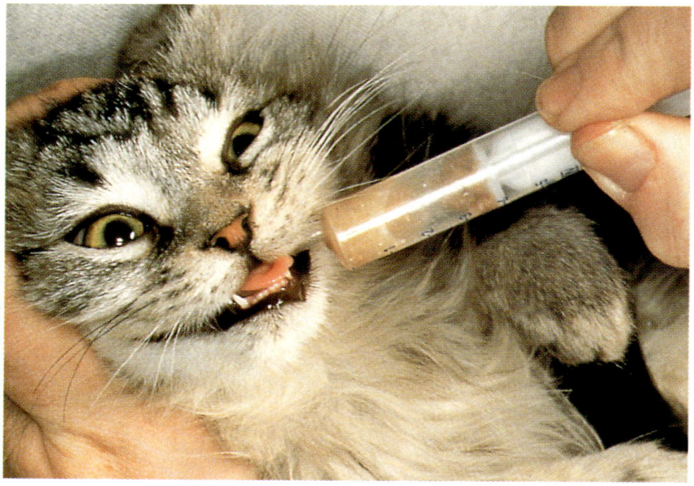

Les gouttes peuvent être données à l'aide d'une seringue sans aiguille.

Le chat peut également prendre beaucoup de médicaments dans votre main.

CONSEIL

On rencontre aujourd'hui de nombreux vétérinaires qui utilisent avec succès des médecines naturelles comme l'homéopathie. Vous pouvez les aider à trouver le bon médicament en expliquant en détail l'humeur présente du chat, son tempérament ou son comportement.

Affections de la bouche et des dents

Un dépôt de tartre et une inflammation des gencives sont fréquents chez les chats âgés. La raison en est souvent une maladie du foie ou des reins.

Le tartre se présente sous forme d'un dépôt sur les dents. Celui-ci est éliminé par ultrasons, moyennant une petite anesthésie.

L'inflammation des gencives se traduit par une coloration rouge foncé des gencives. Le traitement est souvent long.

Problèmes de digestion

Diarrhée : les jeunes chats sont particulièrement sujets aux problèmes de digestion, se traduisant souvent par une diarrhée. Le comportement du chat ne s'en trouve pas modifié. Les excréments redeviennent rapidement normaux si l'on supprime la nourriture et si le chat a l'occasion de boire beaucoup d'eau fraîche (→ page 61). Si la diarrhée persiste, vous devez absolument consulter un vétérinaire.

Constipation : le chat ne parvient pas à faire ses besoins normalement. Les problèmes de constipation sont fréquents chez les Persans âgés, et sont en général aggravés par le manque d'activité.

Du foie ou du lait frais peuvent remédier à la constipation. On peut aussi masser doucement le ventre du chat ou lui faire un petit lavement (à l'aide d'une poire utilisée pour les bébés, disponible dans le commerce). Il faut cependant que le vétérinaire établisse un diagnostic.

Vomissements : des vomissements occasionnels, par exemple si le chat a mangé une plante, ne sont pas très graves. En revanche, si l'animal vomit souvent, il doit être présenté à un vétérinaire.

Affections des yeux et du nez

Conjonctivite : c'est une affection fréquente chez les chats. Elle est souvent largement subordonnée au coryza (→ Maladies infectieuses, page 79). Les jeunes chats auxquels on accorde peu de soins, par exemple dans les fermes, sont particulièrement menacés. L'inflammation devient souvent suppurante en raison des bactéries qui attaquent les muqueuses. Les paupières sont gonflées, le bord des paupières et les cils si collés que les animaux ne peuvent plus ouvrir leurs yeux. Ils deviennent souvent aveugles ou meurent

d'épuisement.
Une conjonctivite nécessite un long traitement vétérinaire, les meilleurs soins et une alimentation de haute qualité.
Rhume: une respiration bruyante et un rhume sont le résultat d'une accumulation de mucosités dans les voies respiratoires. Cette infection comporte un risque d'inflammation des poumons, se traduisant par de la fièvre et une apathie, et pouvant s'avérer mortelle. Seul un vétérinaire peut soigner ce type de symptômes.

Le chat âgé

L'espérance de vie d'un chat dont on prend bien soin peut atteindre 15 ans ou plus. Les problèmes liés au vieillissement ne surviennent souvent qu'à un âge très avancé. Le chat ne se nettoie plus aussi souvent. Sa vision et son ouïe diminuent, ses articulations sont fatiguées, ses problèmes dentaires lui font mal et l'appétit diminue. C'est à ce moment-là que le chat a le plus besoin de votre attention et de votre compréhension.
Euthanasie : lorsque votre chat ne peut plus vivre sans souffrir, il vaut mieux choisir la solution de l'euthanasie. Votre vétérinaire lui fera une injection anesthésiante. Pour une personne qui a vécu de nombreuses années auprès de son chat, sa souffrance et sa mort sont toujours une expérience douloureuse et triste. Cependant, la dernière preuve d'amour que vous puissiez apporter à votre chat est de le libérer de ses souffrances. Il va de soi que vous devez accompagner votre chat jusqu'à son dernier souffle.

Ce chat est en pleine forme. Il est allongé sur le dos, complètement détendu.

Pourquoi les chats atterrissent-ils sur leurs pattes sans se faire mal ?

Les chats peuvent tomber de haut sans se faire mal. En effet, ils atterrissent presque toujours sur leurs quatre pattes. Ils y parviennent en utilisant leur queue comme gouvernail.
Voici comment cela se passe : pendant sa chute, un chat retourne son corps à l'aide de sa queue de manière à ce que ses pieds soient tournés vers le sol peu avant qu'il n'atterrisse.
Ainsi, il peut se poser en toute sécurité sur ses quatre pattes.

Maladies infectieuses

Infection	Symptômes	Transmissible à l'homme ?	Traitement possible ?	Vaccin possible ?
Maladie d'Aujeszky (Pseudo-rage, paralysie bulbaire infectieuse)	Manque d'appétit, troubles du système nerveux, perte de poids	Non	Non	Non
PIF (Péritonite infectieuse féline)	Fièvre, refus de la nourriture, perte de poids, diarrhée, vomissements, ventre gonflé	Non	Non	Oui
Leucose féline	Manque d'appétit, diarrhée, amaigrissement, comportement anormal, ganglions lymphatiques enflés	Non	Non	Oui
Microsporie	Chute des poils, rougeurs sur la peau, pellicules, démangeaisons	Oui	Oui	Non
SIDA du chat (Infection par le HIV)	Pas de symptômes spécifiques	Non	Non	Non
Coryza	Ecoulement nasal, larmoiement, toux, salivation, essoufflement, refus de nourriture, déshydratation	Non	Oui	Oui
Panleucopénie infectieuse féline (Typhus)	Apathie, selles liquides, avec présence de sang, vomissements, fièvre, douleurs	Non	Oui	Oui
Variole	Pustules et abcès sur la tête, les pattes et le corps	Oui	Oui	Non
Tétanos	Crampes musculaires, forte salivation, forte fièvre	Non	Non	Oui
Rage	Manque d'appétit, perte de poids, troubles du système nerveux	Oui	Non	Oui
Tuberculose	Abattement, perte de poids, fièvre, diarrhée, vomissements, toux	Oui	Oui/ Non	Non

Le chat malade

Un chat malade a besoin de chaleur. La meilleure solution consiste à mettre une bouteille d'eau chaude dans son panier.

Prendre la température

Il vaut mieux être deux pour le faire. Une personne tient les épaules et les pattes avant du chat et l'autre prend la température. Pour cela, soulevez la queue du chat et enduisez le thermomètre de vaseline pour prendre sa température rectale (→ illustration 1). Les thermomètres à affichage digital indiquent la température au bout d'une minute, les thermomètres classiques au bout de deux minutes.
La température normale est comprise entre 37,8 et 39,3°C. Même une température trop basse est le symptôme d'une maladie.

Médicaments

Un bain de vapeur est une bonne mesure complémentaire, qui calme les douleurs. Pour cela, placer le chat dans un panier de voyage et installer devant lui une infusion de camomille (→ illustration 2).
Gouttes pour les yeux : tenir la tête du chat en arrière, la soule-

1. Il vaut mieux prendre la température du chat à deux.

2. Traitement en cas de rhume et de toux : un bain de vapeur.

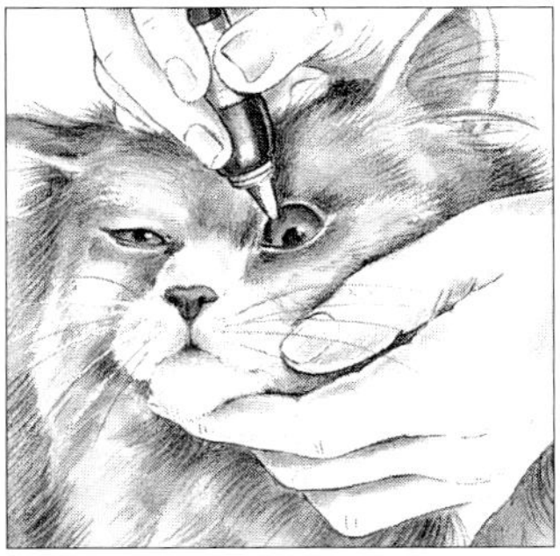

3. Eviter de toucher l'oeil en instillant des gouttes.

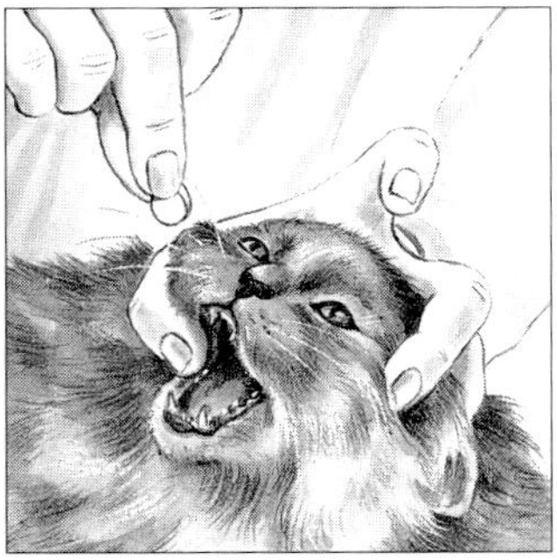

4. Poser les comprimés bien à l'arrière de la langue.

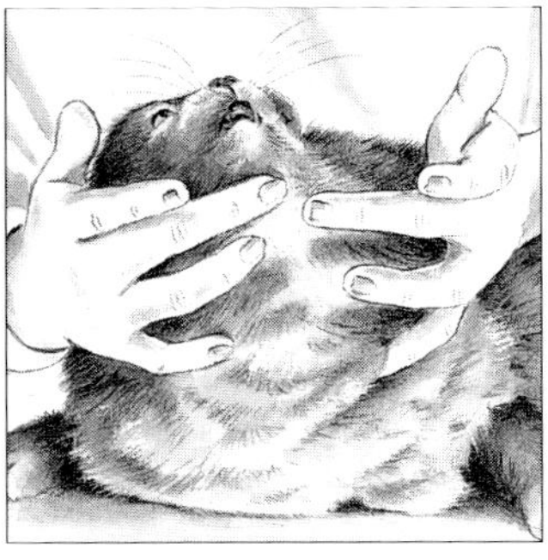

5. Après l'administration, masser légèrement la gorge.

ver légèrement et tirer doucement le bord inférieur de l'œil (→ illustration 3).

Comprimés : on peut les placer dans une bouchée de nourriture. Si cette méthode ne marche pas, il faut les donner directement au chat (→ illustration 4). Prenez le comprimé entre le pouce et l'index et, avec l'autre main, pressez la tête du chat à l'arrière des dents. Le chat ouvre alors automatiquement sa gueule. Il faut poser le comprimé à l'arrière de la langue et maintenir la gueule fermée pendant un moment. Masser ensuite doucement la gorge du chat pour qu'il avale (→ illustration 5).

Médicaments liquides : les administrer à l'aide d'une seringue sans aiguille (→ photo, page 76). Relever alors légèrement la tête du chat et injecter le médicament dans sa gueule, derrière les canines. Procéder lentement, sinon le chat s'étouffe.

Blessures

Le plus grand danger pour les chats qui sortent est la circulation. Mais un chat peut aussi être blessé par une morsure ou une chute.

Premiers secours : si le chat a une blessure qui saigne beaucoup, on peut stopper l'écoulement de sang à l'aide d'une bande de contention. Débarrasser au préalable la blessure des corps étrangers et poser dessus une compresse repliée en plusieurs épaisseurs . Maintenir la bande par un bandeau élastique.

Empoisonnements

Ce sont principalement les chats qui sortent qui risquent de s'empoisonner. Les poisons les plus fréquents sont les suivants : mort-aux-rats, insecticides, produits antigel et essence. Les empoisonnements dus à des plantes sont rares.

Symptômes d'empoisonnement: essoufflement, paralysie respiratoire, troubles moteurs, diarrhée, vomissement, fièvre, perturbation du rythme cardiaque, démangeaisons, crampes, insuffisance circulatoire, paralysie, insuffisance du foie, troubles nerveux, insuffisance rénale, irritation de l'estomac et des intestins, irritation des muqueuses, rougeurs de la peau, douleurs, tuméfactions, salivation, apathie, tremblements.

Traitement : uniquement prescrit par le vétérinaire.

Chattes et chats

Les bébés chats sont parmi les plus adorables du règne animal. Les naissances incontrôlées sont cependant souvent à l'origine de pitoyables noyades.

Élevage ciblé

Supposons qu'une chatte ait deux portées par an, et que quatre chatons de chacune des portées survivent. Ceux-ci se multiplient au même rythme. Au bout de 10 ans, on obtient le chiffre impressionnant de plus de 60 millions de chats !
La raison pour laquelle tous les chats d'une portée ne survivent pas est le fait que ces animaux indésirables meurent d'infections et de malnutrition. Souhaitez-vous être impliqué dans cette misère féline? Ne laissez donc pas votre chat se reproduire inconsidérément.

Castration, ovariectomie et stérilisation

Une chatte peut être stérilisée dès l'âge de six mois, un chat à environ un an, après qu'il ait atteint sa maturité sexuelle. Cette intervention est recommandée pour tout animal que l'on ne destine pas à l'élevage.
Par castration ou ovariectomie, on entend l'ablation chirurgicale des glandes génitales. Chez le chat, il s'agit des testicules; chez la chatte des ovaires. Cette opération de routine est effectuée sous anesthésie. Le chat supporte en général très bien cette opération.
Lorsqu'il n'y a plus production d'hormones sexuelles, le besoin de satisfaire l'instinct sexuel s'éteint. Les chats n'ont pas conscience de ce manque.
La stérilisation a pour seul effet de rendre l'animal infertile ; les trompes de la chatte sont ligaturées, mais il n'y a pas d'ablation. Une stérilisation n'est pas avantageuse pour le propriétaire d'une chatte, car les désagréments du comportement sexuel persistent (→ page 84). La chatte peut en outre, lors d'un contact sexuel avec un chat en liberté, contracter des maladies dangereuses (leucose féline, péritonite infectieuse féline) ou des parasites (gale, puces).

L'élevage des chats de race

L'objectif d'un élevage responsable de chats de race devrait toujours être l'amélioration de la race et non la reproduction pure et simple. La condition la plus importante est d'avoir une mère saine, typique de la race, que l'on apparie avec un mâle correspondant au standard.
L'élevage exige d'avoir des

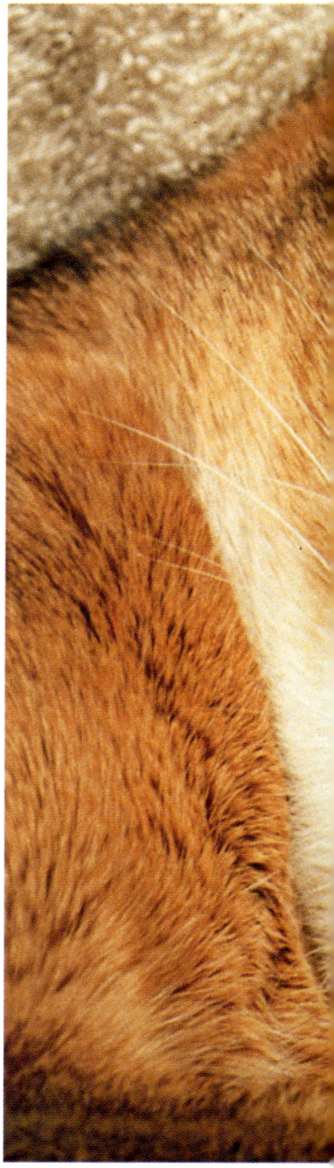

L'image de la sérénité et de la sécurité : bien blottis l'un contre l'autre, cette mère et son petit font la sieste ensemble.

connaissances spéciales sur la génétique, mais aussi du temps, de l'espace et, dans un premier temps, de l'argent. Il vous faut en outre être impérativement membre d'un club d'élevage reconnu (→ Clubs d'élevage, page 86 et adresses, page 125).

Chaleurs et accouplement

Chez le chat domestique commun, les périodes de chaleurs de la femelle sont les mois de février, de juin et d'octobre. Chez les chattes de race, elles sont variables suivant la race.
La femelle a deux ou trois périodes de chaleurs par an, qui durent entre trois et six jours. Si l'accouplement n'a pas lieu, cette période peut durer trois semaines.
Au point culminant des chaleurs, la chatte pousse des cris perçants et se roule sur le sol. Elle est agitée, mange peu, se lèche souvent les pattes et la région génitale. Si on lui caresse le dos, elle relève l'arrière-train, s'aplatit à l'avant et pétrit le sol de ses pattes arrière.
Les mâles sont prêts à s'accoupler à tout moment, lorsqu'une chatte en chaleur se trouve à proximité. Ils le montrent en arrosant d'urine le sol et divers objets, tandis que leur queue tremble. Ils se lamentent bruyamment, lèchent leur pénis et courent çà et là, afin de séduire la femelle.
Au cours de la saillie, le mâle tente de saisir la femelle par la peau du cou avec ses dents. S'il y parvient, il monte sur elle. Peu après l'introduction du pénis, la chatte crie, tandis que le mâle ronronne. L'accouplement déclenche l'ovulation chez la chatte.

Grossesse et naissance

Après environ trois semaines, les mamelles rosissent, deviennent plus fermes et se dressent. Ce n'est qu'au bout d'une trentaine de jours que le ventre s'ar-

En tétant, les chatons pétrissent le ventre de leur mère avec leurs pattes avant, pour stimuler la poussée de lait.

CONSEIL

Si vous lui donnez la pilule, votre chatte de race pourra être momentanément stérile. La prise d'hormones réprime l'instinct sexuel et empêche les chattes de se reproduire. La pilule ne doit cependant pas être une solution à long terme, car un traitement hormonal de longue durée comporte des risques importants pour la santé

La mère nettoie infatigablement la fourrure de ses petits. En leur léchant le ventre, elle stimule leur digestion.

rondit. La grossesse dure environ 63 jours (entre 57 et 70 jours normalement). La naissance aura lieu 63 jours après la première saillie.
Vous pouvez installer la mère dans un carton (40x50cm) d'environ 30cm de haut pour qu'elle mette bas. Etalez un drap sur une couche de papier journal. Le carton doit être installé dans un endroit calme.
Peu avant la naissance, ma chatte trépigne dans son carton, s'allonge, va dans sa litière et me suit sans arrêt. Je m'assois alors près du carton et lui parle doucement. Au commencement de l'accouchement, la chatte perd les eaux. Le premier petit apparaît peu après, entouré de la poche amniotique.
Il est expulsé grâce à de fortes contractions. La mère déchire la poche amniotique si celle-ci ne s'est pas ouverte toute seule. Elle lèche alors soigneusement ses organes génitaux et mange le placenta, qui apparaît au bout de quelques contractions. Après avoir sectionné le cordon ombilical avec les dents, elle lèche le nouveau-né tout humide pour le sécher. Les petits naissent à des intervalles d'une demi-heure à une heure.

Manque de lait de la mère

Il arrive souvent que la mère n'ait pas de lait. La meilleure solution consiste alors à chercher une nourrice. Cependant, il n'est pas toujours facile d'en trouver une immédiatement.
Nourrir les chatons à la main demande beaucoup de temps et d'énergie. Vous devriez en tout cas prévoir chez vous, pour le jour de la naissance, des substituts de lait pour chat (magasins spécialisés). Si la mère manque de lait, versez le substitut de lait dans un biberon spécifique (magasin spécialisé) et nourrissez les petits toutes les deux heures - y compris la nuit. Après chaque repas, massez leur ventre avec un mouchoir en papier, afin qu'ils évacuent urine et excréments.

Une nouvelle maison pour les chatons

Une chatte peut donner naissance à une portée de 1 à 8 chatons, rarement plus. Vous ne souhaitez certainement pas conserver tous les chatons si la portée est nombreuse. Les chatons devraient emménager dans leur nouvelle famille à l'âge de douze semaines, après avoir été vaccinés deux fois (→ Tableau de vaccination, page

74). Les chatons qui sont séparés trop tôt de leur mère se trouvent souvent retardés dans leur développement.
Il est difficile de trouver un acquéreur pour des chats domestiques. Ne les donnez qu'à des personnes que vous connaissez, qui aiment les animaux et sont fiables.
S'il s'agit d'un chat de race, vous pouvez passer une annonce dans une revue spécialisée, un magazine consacré aux animaux ou un quotidien. Un bon club d'élevage propose en général un service de placement. Les animaleries peuvent aussi vous offrir leur concours. Pour vendre un chat de race, il vaut mieux conclure un contrat de vente (→ page 27).

Quelles sont les activités d'un club d'élevage ?

Échange d'expériences en matière d'élevage, participation à des revues spécialisées, conférences scientifiques, conseils sur toutes les questions d'élevage, soins et alimentation des chats, informations sur les chats âgés et jeunes qui sont bons pour l'élevage, renseignements sur les meilleurs étalons,

Le mâle doit se reculer à la vitesse de l'éclair après la saillie, s'il veut éviter le coup de patte de la femelle en colère.

Comment se déroulent les premières semaines d'un chaton?

Un chaton naît sourd et aveugle. Le petit prend immédiatement le chemin des mamelles de la mère pour trouver du lait. Sept jours plus tard, il a doublé son poids de naissance. Il pèse alors 200 g.

Il évolue ensuite rapidement : le dixième jour après la naissance environ, il ouvre les yeux. A près de trois semaines, il entreprend les premières tentatives d'exploration de son environnement. Au bout de quatre semaines environ, ses dents de lait sont formées : le chaton peut déjà manger de petits morceaux de viande.

Au cours de sa quatrième et de sa cinquième semaine, le chaton apprend tout ce dont il aura besoin plus tard en jouant avec ses frères et soeurs et sa mère. Il apprend par exemple comment on capture et tue une souris ou comment on grimpe dans un arbre. Il doit alors absolument être en contact avec les hommes. Les chatons qui n'ont pas eu de contact avec des êtres humains à cette période restent souvent craintifs pour toujours. A douze semaines, le chaton est suffisamment indépendant pour se débrouiller sans sa mère et sans ses frères et soeurs.

organisation d'expositions félines, gestion d'un fichier d'élevage et établissement des généalogies, échanges avec des clubs d'éleveurs étrangers et formation de juges pour les éleveurs. Je suis moi-même membre d'un club qui fait partie d'une l'organisation internationale, la «Fédération Internationale Féline» (FIFe). La FIFe fédère des pays de toutes les régions du monde. Aux Etats-Unis, c'est la «Cat Fancier's Association» (CFA) qui chapeaute l'ensemble des Cat clubs.

Beaux spécimens de chats sur la table d'exposition

Grâce au jugement, effectué par un juge qualifié selon les standards internationaux, l'éleveur obtient des informations sur les caractéristiques et les défauts de son chat. Les expositions internationales ont en général lieu le week-end et durent deux jours. On peut y admirer entre 200 et 1000 chats.

L'objectif d'une exposition est cependant de donner à l'éleveur une vue d'ensemble sur l'état de l'élevage et de lui permettre d'effectuer des comparaisons avec d'autres animaux.

Apprendre à le comprendre et s'en occuper

Qui veut vivre en bonne entente avec son chat doit savoir beaucoup de choses sur lui, apprendre à comprendre sa nature et beaucoup s'en occuper.

Les chats sont les meilleurs des compagnons de jeu - tant qu'ils en ont envie.

Les aptitudes d'un chat

En fonction de son mode de vie consistant à chasser dans la nature, un chat doit avoir un corps souple, puissant, aux réactions rapides, et des sens particulièrement aiguisés.

La physiologie du chat

Corps : le squelette confère de la stabilité au corps et protège les organes vitaux. Sa structure permet aux tendons, reliés par les muscles mobiles, de rapprocher tellement les os dans les articulations, que le chat développe une énorme puissance de saut et une grande rapidité.

Peau et fourrure : la peau qui enveloppe le corps protège l'organisme comme un manteau. Elle sécrète la sueur, ce qui lui permet de réguler la teneur en eau de l'organisme et la température corporelle. La peau est en outre constituée de cellules nerveuses transmettant des informations au cerveau, comme la sensation de douleur par exemple. La fourrure constitue une formidable protection contre le froid et l'humidité.

Pattes, griffes et queue : le chat possède cinq doigts aux pattes avant et quatre à l'arrière. Pendant qu'il court, il rétracte les griffes acérées de ses pattes avant dans des fourreaux. Ainsi les griffes sont protégées et ne s'émoussent pas. En revanche, il ne peut rétracter les griffes de ses pattes arrière. Celles-ci finissent donc par s'user. La lente démarche du chat est due à l'élasticité de son appareil moteur et aux coussinets souples de la plante de ses pattes. Sa queue lui permet de conserver l'équilibre lors d'un saut ou d'une chute.

Dentition : la dentition d'un chat, composée d'une trentaine de dents, est celle d'un carnivore. Il faut remarquer ses grandes canines, légèrement penchées vers l'arrière (deux en haut et deux en bas), avec lesquelles le chat maintient sa proie. A l'aide de ses molaires agissant comme des ciseaux, il déchiquette sa proie. La dentition d'un chat n'est complètement formée qu'entre 7 et 9 mois.

La langue râpeuse, constituée de papilles cornées, sert à détacher la viande des os. De plus, c'est un excellent outil pour faire sa toilette.

Après la sieste, le chat procède à de nombreux étirements. Ceux-ci sont destinés à favoriser la circulation.

Les sens du chat

Une ouïe, une vision et un sens du toucher performants sont des conditions indispensables à une chasse réussie.

Ouïe : les deux grands pavillons de l'oreille, bien écartés et mobiles, sont le premier signe visible d'une ouïe excellente. Le chat peut entendre et localiser les bruits les plus légers à grande distance. Il perçoit des sons d'une fréquence de 65 kHz alors que le seuil de perception de l'oreille humaine est limité à 20 kHz.

Vision : l'acuité visuelle d'un chat est très caractérisée. Grâce à ses yeux sensibles à la lumière, il peut localiser avec précision sa proie, ce qui lui permet de sauter sans erreur sur sa cible. Dans l'obscurité, ses pupilles s'élargissent considérablement. Ainsi, il peut utiliser de façon optimale la plus petite source de lumière. Le jour en revanche, ses pupilles se rétrécissent.

Odorat : l'odorat n'est pas extrêmement développé chez un chat.

Goût : son goût n'est pas non plus très développé. Ses préférences alimentaires sont plutôt le résultat de ses habitudes.

Toucher : les vibrisses du chat, également présentes au-dessus de ses yeux, lui permettent de recevoir des sensations tactiles. Ces poils fonctionnent comme des antennes qui lui permettent de s'orienter au mieux.

Haut : quelque chose a éveillé l'intérêt du chat.
Bas : ce chat miaule et est encore d'humeur amicale.

Haut : mauvaise humeur : les oreilles s'orientent de côté, les pupilles sont élargies.
Bas : comportement manifeste de menace. L'attaque va avoir lieu.

Le comportement du chat

Comme le chat ne comprend pas notre langage, il se concentre sur les mouvements, la position du corps et l'humeur de son maître. Beaucoup de chats peuvent si bien comprendre leur compagnon humain, que nombre de leurs propriétaires imaginent qu'il y a transmission de pensée. Si l'on se conduit de la façon attendue par le chat, celui-ci offrira toute son affection.

Vous pouvez vous-même, en observant attentivement les mimiques de votre chat, la position de son corps et celle de sa queue, deviner dans quelles dispositions se trouve votre animal préféré.

Certains comportements du chat vis-à-vis de l'homme sont dus à leur instinct inné de protection, au comportement naturel de jeunes chats vis-à-vis d'une mère, ainsi qu'au comportement sexuel.

Les comportements que vous devriez connaître

Prise de contact amicale : c'est l'attitude du chat vis-à-vis d'une personne lorsqu'il frotte son dos ou son cou sur les jambes de celle-ci, qu'il se serre contre elle, tend sa tête ou lèche ses mains ou sa figure.

Excitation : elle se traduit par des coups de queue, une position aplatie avec les oreilles couchées, tandis que l'animal crache et que sa fourrure se hérisse.

Lécher : au cours des premières semaines, la mère lèche beaucoup la région anale de ses petits. Ce n'est que grâce à ses massages que les petits parviennent à uriner et excrémenter.
Le mâle lèche les petits, mais également une femelle conquise, pour manifester sa tendresse.
Lécher le visage et les mains d'une personne est donc un geste amical de la part du chat, déclenché par son instinct de protection et son instinct sexuel.
Pétrir : en pétrissant avec ses pattes les mamelles de sa mère, le chaton stimule la poussée de lait.
Ce comportement vis-à-vis d'un être humain est une profonde démonstration de confiance.
Ronronner : le chat manifeste son bien-être en ronronnant. On ne peut cependant en conclure que le chat est en bonne santé, car même les animaux malades ronronnent. Les petits chats ronronnent très tôt, lorsqu'ils tètent avec satisfaction les mamelles de leur mère.
Se rouler par terre : même vis-à-vis de l'homme, le chat peut présenter un comportement sexuel. Il redresse l'arrière-train et se roule devant lui.
Jouer : le chat expérimente dans le jeu un comportement social ou de combat (combats de rivalité par exemple). Ses partenaires de jeu sont sa mère, ses frères et sœurs; ses proies, les souris et les rats, mais également l'homme (→ page 112).
Peur et défense : cette réaction, chez un chat domestique, est souvent induite par le comportement d'une personne.
Défense et attaque sont des réactions de peur dans une situation sans issue. Lorsque, par exemple, un chat est acculé dans

Avec une peluche agrémentée de cloches, ce chaton s'entraîne à la prédation.

Rencontre de chats : ils s'approchent prudemment. Après s'être flairés, ils poursuivent leur chemin.

un coin, qu'on l'enferme dans une cage ou qu'on le tient fermement, il se sent menacé. Il commence par cracher, avance, puis utilise dents et griffes.

Même chez les chats, des agressions peuvent avoir lieu, par exemple lors de batailles de mâles ou de luttes pour un territoire ; elles peuvent se solder par un bain de sang.

Instinct de chasse et de prédation : le chat est un prédateur. Moins il a d'occasions de tuer sa proie, plus son désir de le faire diminue. Ainsi, en jouant avec une petite balle, il réagira exactement comme avec une souris, en restant aux aguets. Si la balle s'éloigne, il va aussitôt

Une amitié rare : dans son hamac, ce chaton ne rêve pas que de souris.

fondre dessus et tenter de l'attraper. Même la main de la personne en qui il a confiance, lorsqu'elle s'éloigne rapidement de lui, est considérée comme un objet de prédation. Il faut donc faire attention en jouant avec le chat, car celui-ci peut vous griffer.

Comportement de fuite : si le chat s'enfuit de l'appartement par exemple, vous ne devriez en aucun cas courir immédiatement derrière lui pour le ramener à l'intérieur. En effet, un chat ne fugue pas longtemps. Après une courte distance, il cherche aussi rapidement que possible une cachette. Restez donc calme, gardez l'œil sur le chat jusqu'à ce qu'il interrompe sa fuite et s'immobilise. Vous pouvez alors vous approcher lentement et faire comme si vous ne l'aviez pas vu. Lorsque vous être près de lui, parlez-lui doucement, essayez de le caresser avec des mouvements lents, puis de l'attraper.

Si petit et déjà si adroit : jouer avec une balle est très amusant.

Pourquoi les chats ont-ils besoin de moustaches ?

Peut-être t'es-tu déjà demandé comment ton chat pouvait marcher en équilibre sur l'appui de la fenêtre sans tomber. Il est également capable de savoir avec certitude s'il peut passer par une porte entrouverte ou non.

Ces aptitudes du chat sont dues à ses moustaches, les vibrisses. Elles agissent comme des antennes et lui indiquent, même dans le noir, la présence éventuelle d'obstacles. Elles perçoivent en effet le plus petit déplacement d'air. Lorsqu'il y a un obstacle, l'air ne circule pas de la même façon que lorsque la voie est libre.

Les chats ont des poils tactiles sur le visage, le dos, au-dessus des yeux, sur le nez et sous le menton, et même à l'arrière des pattes. Un chat dont les poils tactiles sont abîmés ne se sent plus en sécurité dans son environnement. C'est comme s'il était soudain devenu aveugle.

Les mères grignotent souvent les poils tactiles de leurs petits en les nettoyant, sans que l'on sache pourquoi. Les chatons s'en sortent très bien sans ces poils au début, et ensuite ceux-ci repoussent naturellement.

Bien acclimater votre chat chez vous

Il faut toujours tenter d'établir de bonnes relations, y compris entre l'homme et le chat. Seules une attention et une compréhension amicales permettent d'aboutir, après un certain temps, à de bons rapports entre vous et votre animal préféré. Il faut pour cela faire preuve de beaucoup d'intuition et de patience au moment où votre nouveau compagnon emménage chez vous. Les premiers jours auront un effet décisif sur la confiance que votre chat développera à votre égard.

Les premières heures à la maison

Il vaut mieux aller chercher votre chat en voiture et à deux. Ainsi, pendant le trajet, l'un des deux peut lui parler doucement.

Transportez le chat dans un bon panier de voyage (→ page 50). Demandez à l'éleveur ou à l'ancien propriétaire du chat de vous donner un peu de la litière qu'il utilisait et de sa nourriture habituelle, afin de faciliter

Un chat ne se met sur le dos que lorsqu'il se sent complètement en sécurité et à l'aise.

Un chat et un chien peuvent tout à fait vivre en bonne entente. S'ils grandissent ensemble, il y a rarement des problèmes.

l'installation de votre nouveau compagnon.
Arrivés à la maison, posez le panier de voyage dans une pièce calme, ouvrez-le et laissez l'animal explorer son nouvel environnement.
Permettez au chat de décider à quel moment il établira le contact avec son nouveau maître et se laissera caresser. Il ne faut jamais le retenir contre sa volonté ou le tirer brutalement de sous les meubles.
De plus, pendant les premières heures, il vaut mieux éviter de le laisser seul.

Sortie dans le jardin

Avant que le chat ne sorte dans le jardin, il doit d'abord être totalement familiarisé avec l'appartement et le considérer comme son territoire principal. Il faut pour cela environ 15 jours. On peut alors le laisser accéder au jardin et lui permettre d'élargir progressivement son domaine.
La porte doit, dans un premier temps, toujours rester ouverte, afin que le chat, s'il est effrayé, puisse retourner à tout moment sur le territoire qu'il connaît.
Beaucoup de chats âgés et cas-

trés restent de préférence à proximité de leur maison habituelle. Les mâles, parfois même ceux qui sont castrés, tendent davantage à élargir leur territoire que les femelles.
S'il y a une voie à grande circulation près de votre domicile, vous devriez vous demander s'il ne vaut pas mieux que le chat reste en permanence dans la maison, à l'abri des accidents.
Si vous habitez à côté d'un champ, d'un pré ou d'une forêt, le chat court moins le risque de se faire écraser, mais il peut se trouver sur un territoire de chasse. Beaucoup de chasseurs s'acharnent à tirer sur les chats qui errent en liberté. Ils les considèrent comme des concurrents. S'il s'agit de chasseurs des environs, vous pouvez avoir avec eux un entretien personnel, au cours duquel vous leur présenterez votre chat.

Habituer les chats aux chats

Ce sont les jeunes animaux qui s'habituent le mieux l'un à l'autre. Peu de problèmes surviennent en général avec un jeune chat que l'on met en présence d'un chat plus âgé. Les difficultés commencent lorsqu'on amène deux chats

Ce que les chats aiment

Un chat aime

- avoir une place au soleil, près du poêle, sur le canapé ou le lit, ou au-dessus de l'armoire.
- avoir plusieurs «discussions» quotidiennes avec son maître ou d'autres chats.
- manger en même temps que la famille ou manger de temps en temps des mets de choix.
- être brossé ou caressé doucement, mais seulement s'il en a envie.
- les voix calmes, amicales et douces.
- les visiteurs qui font des efforts vis-à-vis du chat, qui lui apportent quelque chose.
- de temps en temps, attraper une souris , chasser des poules, effrayer un hérisson ou agacer des oiseaux, jouer avec du papier, une petite balle ou un petit rouleau.
- dormir de longues heures.
- faire de la gymnastique sur un grand meuble, faire des acrobaties entre des verres et des vases, des exercices d'escalade sur les étagères, affûter ses griffes sur les canapés et les tapis.

Un chat n'aime pas

- avoir une existence solitaire, sans contacts, de vagabond rejeté, ou être isolé.
- la pluie, le froid sans la possibilité de se réchauffer.
- les aliments trop chauds ou trop froids, ou placés dans des récipients sales.
- une peau squameuse, une fourrure grasse et rugueuse, les tiques, les puces, la gale.
- qu'on le peigne alors qu'il a envie de faire autre chose, que l'on tire brutalement sur les nœuds de ses poils.
- les brouilles dans les couples, les cris des enfants, les aboiements, les accidents de voitures ou de tracteurs, les avions de chasse, les pétards et feux d'artifice du premier janvier et l'orage.
- les personnes qui l' ignorent ou ont peur de lui.
- être un meuble décoratif.
- être dérangé là où il dort.
- être exclu du quartier de ses maîtres.

Médecins et psychologues connaissent depuis longtemps l'effet bienfaisant et apaisant d'une relation homme-chat sur le corps et l'âme.

adultes indépendants à vivre en paix ensemble. Dans tous les cas, il faut laisser aux animaux beaucoup de temps pour s'habituer.

Au début, protégez le nouveau-venu de «l'ancien» chat par un grillage - situé par exemple entre deux pièces. Ce n'est que lorsque les animaux se rapprocheront paisiblement à travers le grillage que l'on pourra tenter de les laisser ensemble sous surveillance.

Ce chat attend avec impatience son repas. Puis il réclame nourriture et attention en frottant sa petite tête sur la jambe de son maître.

Chats et autres animaux domestiques

Si d'autres animaux domestiques vivent déjà au domicile du chat, il faut y habituer progressivement le nouveau-venu. On ne peut cependant prédire si le chat va s'entendre avec d'autres animaux. Certes, il est déjà arrivé que des chats et des souris soient amis, mais cela reste l'exception et non la règle.

Chiens et chats peuvent tout à fait vivre en bonne entente et même devenir amis. Toutefois, ils se comprennent difficilement au début, car leurs modes de vie et leurs modes d'expression innés sont différents. Malgré tout, deux animaux jeunes s'habituent généralement bien l'un à l'autre. Un chien adulte, s'il est bien éduqué et attaché à son maître, peut au minimum apprendre à tolérer un chat et à respecter une trêve. Tant que cela n'est pas le cas, les animaux ne doivent pas être laissés ensemble sans surveillance.

Lapins, petits rongeurs et oiseaux correspondent au schéma prédateur du chat. Pour un chat dont l'instinct est très développé, ces animaux ne sont qu'un «repas». Il est rare d'aboutir à une coexistence

CONSEIL

Si votre enfant veut s'occuper seul de son chat, il doit au moins avoir atteint un certain âge. Les enfants trop jeunes ne peuvent assumer la responsabilité d'un animal.

Le chat tourne autour des jambes et les frôle en ronronnant.

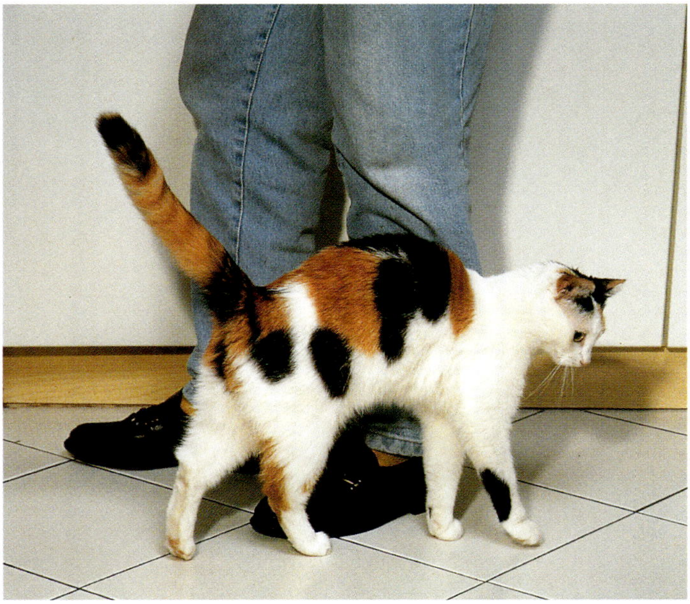

harmonieuse entre un chat et une proie potentielle ; le risque demeure toujours. Il est alors plus judicieux de garder le chat à l'écart, en plaçant les animaux menacés dans une pièce particulière ou dans des cages sûres.

Chats et enfants

Il est aujourd'hui incontestable que les chats ont une valeur pédagogique pour l'enfant. Un chat n'est pas seulement un camarade de jeu et un ami fidèle, il faut prendre soin de lui. Il faut lui donner régulièrement nourriture et eau fraîche, et nettoyer sa litière. L'enfant apprend ainsi à devenir responsable et à tenir compte des besoins d'un autre être vivant.

L'effet apaisant d'un chat sur le psychisme d'un enfant a souvent été observé. Les enfants nerveux, qui bougent constamment ou sont agressifs, deviennent souvent plus calmes et plus équilibrés.

Une menace pour la santé de l'enfant est presque totalement exclue si l'on s'occupe de l'animal d'une manière appropriée et si l'on respecte certaines règles d'hygiène.

Pour éviter tout accident, on ne devrait toutefois pas laisser ensemble sans surveillance des nourrissons ainsi que des jeunes enfants avec des chats (→ Le chat comme compagnon de jeu ?, page 25).

Si le chat est encore jeune, vous devriez veiller à ce que l'enfant ne sollicite pas trop le chat en jouant. Les jeunes chats ne remarquent pas d'eux-mêmes à quel moment ils sont fatigués, et les enfants ne sont pas encore capables de s'en rendre compte.

Programme d'éducation pour les chats têtus

Même un chat peut apprendre à respecter vos désirs, à condition qu'il ait confiance en vous.

Règles d'éducation importantes

■ Patience. Ne vous attendez pas à ce que le chat abandonne une mauvaise habitude après une ou deux interdictions.

■ Logique. N'interdisez pas une chose que vous tolérez la fois suivante.

■ Autorité. Interdisez-lui quelque chose en prononçant un «non» ferme.

■ Même mots. Pour éduquer le chat, utilisez toujours les mêmes expressions.

■ Récompense. Récompensez le chat lorsqu'il a fait quelque chose de bien. Les punitions comme des coups réduisent à néant la confiance qu'il avait placée en vous.

Obéir au nom

Les chats écoutent volontiers un nom qui se termine par «i». Pour habituer le vôtre à son nom, prononcez celui-ci à chaque fois que vous le nourrissez ou le caressez, surtout s'il est installé depuis peu chez vous. Si toutefois vous le grondez, n'utilisez jamais son nom.

Une petite projection de citron suffit souvent à empêcher le chat de chiper .

Avec un jet de pulvérisateur, on peut dissuader un chat de grimper sur une plante ou de la grignoter.

Perdre les mauvaises habitudes

Qu'il s'agisse de pêcher dans l'aquarium, de chiper à table ou de griffer les plus beaux meubles, un effet de surprise approprié, notamment si le chat est un «récidiviste», peut être une bonne solution. Une aspersion d'eau par derrière, par exemple, avec un vaporisateur pour plantes, peut causer au chat une bonne frayeur. D'autres moyens de lui faire renoncer à un comportement indésirable consistent par exemple à jeter à côté de lui une chaîne légère en aluminium ou à lui envoyer un bon courant d'air à l'aide d'un soufflet. Vous devez cependant absolument faire attention à ce que le chat ne vous associe pas à la surprise qu'il a eue. Sinon, vous risquez de perdre sa confiance.

Habituer le chat à la laisse

On trouve dans les magasins spécialisés des laisses spéciales pour les chats, dotées de harnais. Les chats ne sont pas spécialement enthousiasmés par ce type de contraintes, mais si vous habitez par exemple à côté d'une rue très fréquentée, et que vous voulez laisser votre chat se promener sans risques, une laisse peut être utile.

<u>Première étape :</u> laissez le chat jouer pendant quelques jours avec la laisse et le harnais, jusqu'à ce qu'il y soit familiarisé.

<u>Deuxième étape :</u> mettez-lui le harnais d'abord pendant quelques minutes, puis plus longtemps, pour qu'il s'y habitue.

<u>Troisième étape :</u> attachez la laisse au harnais et attirez le chat vers l'avant avec un jouet. Il apprendra ainsi à connaître les limites d'une laisse. S'il accepte la laisse, donnez une belle récompense à votre chat.

<u>Quatrième étape :</u> sortez avec la laisse et le harnais.

Idées de jouets astucieux

L'importance du jeu pour les chats a déjà été signalée plusieurs fois dans ce livre. Les chats d'appartement en particulier ont à peine la patience d'attendre que leur maître se décide enfin à leur consacrer du temps.

S'occuper du chat

Un chat qui ne vit qu'en appartement et n'a pas la compagnie d'un deuxième chat s'ennuie complètement si vous ne vous occupez pas longtemps de lui tous les jours.

Si votre chat est seul, et qu'il reste dans l'appartement, vous devriez lui consacrer au moins une heure chaque jour. La meilleure solution est que le chat soit toute la journée avec son maître.

Les célibataires qui travaillent devraient passer beaucoup de temps à la maison avec leur chat pendant leurs loisirs. S'ils manquent de temps, il vaut mieux qu'ils aient deux chats (→ page 20).

En jouant avec le chat, n'oubliez pas que vous ne devez pas vous servir de votre main comme jouet, sinon vous pouvez facilement être griffé (→ Conseils importants, page 127). Votre main ne doit servir qu'à caresser votre chat.

S'exercer à de petits tours d'adresse

Beaucoup de chats aiment apprendre de petits tours d'adresse, car ils sont synonymes de nouveauté. Il ne s'agit pas d'un dressage au sens habituel, car si un chat n'a pas envie de participer, il ne le fait pas.

Pour apprendre des tours, il est indispensable de s'exercer chaque jour, et que, naturellement, le chat y prenne plaisir. Si vous remarquez qu'il n'est pas attentif à ce qu'il fait, ne lui imposez rien. Cela détruirait sa confiance en vous (→ page 104). Félicitez-le après chaque exercice et récompensez-le avec une friandise.

«Faire le beau»

Tenez une friandise, par exemple un petit morceau de fromage, devant la gueule du chat lorsqu'il est assis. Levez le fromage toujours plus haut, jusqu'à ce que le chat se dresse. S'il est dressé sur ses pattes arrières, donnez-lui sa récompense en prononçant le commandement «debout!». Répétez le commandement fré-

Tenez une plume ou une petite balle en l'air : le chat saute immédiatement sur la «proie».

Attraper la balle. Les chats ont un instinct de jeu très prononcé. Mais seul le jeu avec un compagnon possède un réel intérêt.

quemment, jusqu'à ce que le chat ait compris le tour.

Apporter

Beaucoup de chats adorent apporter, sans qu'on le leur ait pour autant appris. On peut attribuer cela à l'instinct qui consiste à ramener une proie au nid des petits. Lorsque votre chat vous rapporte à grands bonds sa balle ou sa souris en peluche, il s'agit de ce même instinct. Il attend obstinément que vous lui lanciez de nouveau l'objet. En prononçant l'ordre «Donne!», vous pouvez le pousser à apporter de nouveau. Cela marche aussi lorsque vous avez de la visite. Les proprié-

Regarder le livre d'images ne l'intéresse pas. Le chat veut jouer et les enfants en sont enchantés.

Qu'est-ce que les chats aiment ?

Ton chat apprécie que tu caresses doucement sa fourrure ou que tu le grattes entre les oreilles ou sous le menton. Il te suffit de bien l'observer. Il te montre qu'il a envie d'être dorloté. Il arrive vers toi avec sa queue relevée et frotte sa petite tête contre ta jambe.

De plus, le chat aime jouer avec toi. Il poursuit volontiers les balles de ping-pong ou les bobines en bois, ou fait la chasse à sa souris en peluche. Fais cependant attention à ne pas lui donner de jouets trop petits, afin que ton chat ne les avale pas. C'est souvent lui qui décide quand le jeu est terminé. Un petit chaton ne se rend pas toujours compte qu'il est fatigué. Il ne faut donc pas que tu le fasses jouer trop longtemps.

taires de chiens en restent toujours très impressionnés.

Apprendre à «parler»

Oui, vous avez bien lu, on peut faire parler un chat. Tenez une bouchée devant son nez et demandez-lui: «Tu en veux ?». En général, surtout s'il est affamé, il jettera un regard d'envie à la nourriture et miaulera.

«Hop»

Tapotez avec la main sur une chaise, un canapé ou un lit, lorsque le chat est assis devant. S'il se prépare à sauter, prononcez alors l'ordre «Hop!». Dès qu'il a sauté, récompensez-le d'une petite bouchée. Il sautera bientôt dès que vous lui donnerez ce commandement, car il souhaite recevoir sa récompense.

Marcher en équilibre

Lorsqu'ils parcourent leur territoire dans la nature, les chats ne craignent pas, par exemple, de marcher en équilibre sur une étroite gouttière ou sur la bordure d'une clôture.

Le chat peut aussi pratiquer l'équilibre en appartement, par exemple sur une planche en bois placée entre deux chaises. Posez le chat sur l'une des chaises soutenant la planche et attirez-le de l'autre côté de la planche à l'aide d'une friandise. L'important est que la planche soit stable et ne tremble pas lorsque le chat passe dessus, sinon le tour ne marchera pas. Votre animal, prudent, refusera également de monter sur un arbre à grimper qui tremble (→ page 50).

CONSEIL

Ne laissez pas jouer votre chat sans surveillance avec les objets suivants, qui comportent un risque de blessure : fils de laine, cordes et liens non élastiques, cordons en caoutchouc, pièces en caoutchouc souple, boules de papier journal ou de feuilles d'étain.

Ce chaton s'est caché sous un journal et réclame en miaulant d'autres activités.

Sauter à travers un pneu

Ce que les lions et les tigres apprennent dans un cirque, votre chaton peut le réaliser chez vous. Il est donc capable de sauter à travers un pneu. Tenez le pneu à hauteur du sol, devant le chat. Incitez-le à passer au travers à l'aide d'une friandise que vous placez de l'autre côté. Peu à peu, mettez le pneu un peu plus haut. Lorsqu'il saute, prononcez l'ordre «Saute!». Donnez-lui ensuite sa récompense.

Jeux de ballons amusants

De nombreux chats font vraiment des sauts acrobatiques en direction de balles jetées en l'air. Ils aiment aussi jouer avec des bâtons sur lesquels sont accrochés des jouets (disponibles dans les magasins spécialisés ou à fabriquer soi-même). Accrochez une petite balle avec des clochettes ou une simple boulette de papier à une courte ficelle et attachez cette ficelle à une tige. Placez la balle devant le nez du chat et faites-

Jeux quotidiens : ce jeune Abyssin saute avec frénésie hors de son carton pour attraper la plume rouge.

la bouger vers le haut ou sur le côté. Il la frappe avec sa patte et veut l'attraper.

Se cacher

Les chats aiment toutes sortes de «trous», qu'il s'agisse d'un tiroir ou d'une valise ouverts. Ils aiment aussi se glisser dans un carton, dans lequel on peut découper des ouvertures. Pour se cacher, un journal plié en deux ou un baril de lessive peuvent aussi faire l'affaire (→ photo page de gauche).

«Poursuivre»

Accroupissez-vous sur le sol et rampez doucement en direction du chat. Grâce à son ouïe fine, il vous entendra tout de suite et disparaîtra rapidement derrière la plus proche cachette. De là, il vous guettera, la queue tremblante d'excitation, jusqu'à ce que vous réapparaissiez dans son champ de vision. Il va alors s'enfuir à toute vitesse. Suivez-le, mais seulement un court instant, puis cachez-vous. Vous observerez alors que votre chat attendra un moment, puis reviendra sur ses pas pour voir où vous êtes passé. C'est un curieux. Il comprend vite qu'il s'agit d'un jeu et est toujours prêt à le recommencer.

Résoudre les problèmes de comportement

Il est rare que des chats aient un comportement anormal et la faute en revient souvent à leur maître qui a commis une erreur en s'occupant d'eux. Les troubles pathologiques du comportement sont encore plus rares.

Le chat est timide et craintif

Causes possibles : mauvaises expériences avec des personnes, disposition héréditaire (caractéristique du chat sauvage).
Solution : lorsqu'un chat a vécu de mauvaises expériences auprès d'êtres humains, il peut devenir timide, peureux ou agressif. Pour qu'un tel animal retrouve confiance en l'homme, il faudra faire preuve d'une patience et d'une attention infinies. S'il s'agit d'un trait de caractère héréditaire, on parviendra à un faible résultat, même avec beaucoup de patience.
Répartissez en plusieurs petites portions quotidiennes la ration alimentaire du chat que vous laisserez manger à même votre main. Etendez la main le plus loin possible, accroupissez-vous et attendez que l'animal s'approche. L'odeur des aliments et des paroles calmes pourront l'y aider. On ne doit en aucun cas courir derrière un chat timide, essayer de l'attraper ou de le retenir.

Le chat griffe et mord

Causes possibles : en jouant avec le chat à des jeux de combat ou de capture, on utilise bien souvent uniquement sa main. Le chat considère alors cette main comme un objet figurant la proie et la mord (comme il le ferait pour une souris).
Les chats qui ont grandi auprès de jeunes enfants ont peut-être fait de mauvaises expériences et se défendent en griffant et en mordant.
Solution : lorsqu'un chat joue sauvagement en griffant et en mordant, vous devez lui faire comprendre qu'il agit mal en interrompant immédiatement le jeu sans le punir et en partant. La plupart du temps, le chat s'arrêtera également si vous vous plaignez bruyamment. Agissez de même si le chat grimpe avec ses griffes sur la jambe ou les vêtements d'une personne.

Le chat est sale

Causes possibles : cas d'un chat arrivé à maturité sexuelle qui marque son territoire ; infections de l'intestin et du conduit urinaire ; le bac à litière est mal placé, par exemple près d'un endroit insuffisamment calme ou près du bol de nourriture.
Il peut y avoir d'autres causes possibles : le bac ne contient pas assez de litière ; la litière ne plaît pas au chat ; le bac est trop petit, le plafond (pour une litière à couvercle) est trop bas ou l'accès trop petit. Le bac n'est pas nettoyé assez régulièrement ou il sent le désinfectant ; il y a eu un changement dans la vie du chat, par exemple un déménagement ; on lui interdit soudain d'accéder à certaines pièces de l'appartement.
L'arrivée de nouveaux-venus sur le territoire du chat (un deuxième chat, un compagnon, un bébé, un chien) ou l'apparition de tensions dues à la présence de plusieurs chats, ou encore des disputes entre des personnes peuvent perturber

sensiblement l'équilibre du chat.
Solution : le comportement qui veut qu'un mâle arrose son territoire cesse lorsque celui-ci est stérilisé (→ page 82). Si c'est le résultat d'une maladie, il faut consulter un vétérinaire.
Un chat qui n'est pas propre pour une raison inexpliquée nécessite que vous fassiez preuve de beaucoup d'intuition :
■ Le bac doit être installé de manière aussi attractive que possible. Remplissez-le sur une hauteur de 10 cm avec une litière acceptée par le chat et changez la litière tous les jours (voire plusieurs fois par jour pour certains chats). Beaucoup de chats préfèrent avoir un bac sans couvercle.
■ Si ces mesures n'aboutissent pas et que le chat fait ses besoins dans plusieurs endroits de l'appartement, procédez comme suit : placez des litières à ses endroits préférés afin de l'habituer à les utiliser ; changez le revêtement de sol ou installez son écuelle à l'endroit qu'il avait souillé. Les chats ne font en général pas leur «commission» à l'endroit où ils mangent.
■ Il est également possible de déconditionner le chat, pour l'éloigner de l'endroit indésirable. Si vous le surprenez sur le fait, pulvérisez un déodorant sur son nez. Cela lui est désagréable. Puis pulvérisez l'endroit dont vous souhaitez éloigner le chat du même parfum qu'il ne supporte pas. Bien entendu, n'utilisez pas votre propre parfum.
■ Beaucoup de chats préfèrent un support précis pour faire leurs besoins, comme des journaux, du linge fraîchement lavé, des draps, des tapis, des sacs en plastique. Il est possible d'utiliser ces supports dans le bac et de les remplacer peu à peu par de la litière.
■ Si toutes ces tentatives échouent, vous n'avez plus qu'à habituer votre chat à sortir ou à l'installer à la campagne, par exemple dans une ferme.

Les chatons apprennent volontiers à utiliser la litière dès qu'il s'agit d'imiter leur mère.

Le chat est obèse

Causes possibles : le chat souffre d'un manque d'activité (c'est en général uniquement le cas des chats d'appartement) ; on lui donne trop à manger ; il souffre de boulimie, ce qui est un trouble du comportement ; la castration a souvent pour effet que le chat se sent plus calme et plus équilibré grâce à la disparition de son instinct sexuel et de reproduction ; il tend alors à emmagasiner de la graisse ; dans de très rares cas, l'excès de poids est dû à un problème de métabolisme ou à un certain médicament.

Solution : un chat qui vit toujours en appartement a besoin de suffisamment de possibilités pour grimper et jouer, ainsi que d'un maître qui lui consacre régulièrement du temps pour jouer et se déchaîner avec lui. Si le chat mange trop, commencez par réduire ses rations. Présentez-lui des aliments qui ne font pas partie de ses préférés. S'il a vraiment faim, il mangera aussi les «moins bons» aliments. Il existe aussi des régimes spéciaux, qui peuvent être prescrits par votre vétérinaire.

A titre préventif, vous devriez veiller à donner une nourriture équilibrée et adaptée (→ page 58), à ne pas distribuer de friandises entre les repas à votre animal, ni à le nourrir à table. Un excès de poids est mauvais pour la santé d'un chat, car il affecte le cœur, la circulation et les os. Son espérance de vie est également diminuée.

Le chat est difficile

Causes possibles : le chat n'a été nourri qu'avec certains aliments lorsqu'il était jeune et s'y est tellement habitué qu'il ne veut rien manger d'autre ; on lui donne constamment n'importe quelle friandise entre les repas, et il finit par ne plus vouloir autre chose ; il associe certains aliments avec une expérience désagréable (un médicament amer y était mélangé, la nourriture était gâtée) et les refuse ; il n'accepte que la nourriture donnée par son maître, dans sa propre écuelle et à sa place habituelle.

Solution : habituez les jeunes chatons à différents goûts d'aliments préparés du

Ce chat regarde avec curiosité le hamster nain. La coexistence avec ce type d'animaux n'est pas sans risque.

commerce, ce que vous ne regretterez pas à l'avenir. Vous ne devez donner de friandises à votre chat entre les repas qu'à titre exceptionnel, pour qu'il ne refuse pas son repas principal. Et s'il ne se jette pas dessus avec le plus grand enthousiasme, c'est sans doute qu'il n'a pas si faim que cela. Ne lui proposez donc pas tout de suite autre chose.
Avoir toujours le même type d'alimentation n'est pas très sain. Les excès ou les carences de certaines substances vitales peuvent entraîner de graves problèmes de santé. Pour habituer votre chat à des aliments préparés équilibrés, mélangez-en chaque jour un peu plus à son plat préféré, jusqu'à ce qu'ils remplacent totalement celui-ci.
Si le chat doit provisoirement être nourri par une autre personne, il est conseillé de le familiariser au préalable avec cette personne. Ainsi, il ne refusera pas la nourriture.

Le chat mendie ou vole de la nourriture

Causes possibles : le chat est affamé ; il est nourri à des heures irrégulières ; le parfum de la nourriture de ses maîtres est trop attirant ; l'animal est très fidèle et veut une preuve d'affection, qui peut provenir de votre assiette ; il est simplement curieux.
Solution : nourrissez le chat au moment où vous prenez vous-même votre repas, afin qu'il ne vous regarde pas manger d'un air affamé. Il est également important de respecter des heures de repas régulières, de préférence le matin et le soir. Si vous bannissez purement et simplement votre animal de la pièce où vous mangez, il ressent cela comme une punition.
Si le chat mendie alors qu'il n'a pas faim, vous devez l'éduquer de manière inflexible. S'il saute sur la table ou se presse continuellement contre vous, dites lui fermement «non». Utilisez toujours le même ordre court et associez-le si nécessaire à une expérience désagréable, par exemple souffler.
Débarrassez tous vos restes, afin que le chat n'ait rien à voler.
Vous devriez peut-être lui offrir plus d'attention et d'affection, afin qu'il n'ait pas à chercher de substitut.

Le chat tête toujours les vêtements

Causes possibles : téter est un comportement infantile des mammifères. Beaucoup de chats conservent cette habitude. Cela n'a cependant peut-être rien à voir avec le fait qu'ils ont été séparés trop tôt de leur mère. Ils trouvent simplement du plaisir à téter quelque chose, comme ils le faisaient lorsqu'ils étaient encore des chatons. Cela leur permet de se sentir bien et leur donne un sentiment de sécurité.
Solution : si ce comportement est très marqué chez votre chat et qu'il vous dérange, vous pouvez vaporiser les vêtements que votre chat préfère téter avec quelque chose qui ne sent pas bon, comme un déodorant.

Le chat est agité et veut sortir

Causes possibles : l'animal n'a pas été castré. Les mâles en particulier aiment beaucoup leur liberté et sont énervés en appartement. Cependant, même les chattes tournent souvent en rond à la recherche d'un partenaire ; un chaton peut avoir pour mère la chatte d'une ferme qui vit à l'extérieur; il a été élevé dans la nature et n'a pas été habitué à vivre exclusivement en appartement.

Solution : les chats adultes devraient être castrés (→ page 82). Avant de prendre un chat chez vous, informez-vous sur l'environnement dans lequel il a grandi, et tâchez de savoir s'il s'agit vraiment d'un chat d'appartement. Il est difficile de changer les habitudes d'un chat qui avait auparavant coutume de sortir. La seule possibilité que vous ayez est de vous occuper énormément de lui pour le détourner de son attirance vers l'extérieur. Mais il doit pouvoir se défouler correctement. Si vous avez un jardin, vous pouvez l'habituer à sortir (→ page 99).

Le chat vagabonde et ne rentre pas

Causes possibles : le chat n'est pas très attaché à son domicile et était assez libre sur son lieu de naissance ; il s'agit d'un animal parvenu à maturité sexuelle et non castré, pour lequel il est entièrement naturel de chercher un partenaire, d'explorer un territoire et de le défendre.

Solution : il est relativement simple d'habituer un animal castré à des heures de sortie et de rentrée fixes. Il est pour cela indispensable que le chat réponde à son nom (→ page 104) et qu'il rentre immédiatement à la maison lorsque vous l'appelez. Un son particulier,

Première approche : le chat tend la patte vers ce jeune chien. Il ne faut le laisser s'y habituer que très lentement.

toujours le même, par exemple le bruit de la gamelle, peut être très utile. Si le chat affamé rentre alors à la maison, donnez-lui une bouchée de nourriture pour le récompenser. Bien entendu, il est important que le chat soit nourri le soir à un moment déterminé. Ce n'est pas l'heure qui est importante, mais l'apparition de l'obscurité. Lorsque le chat est en train de manger, fermez la porte ; il sera bientôt habitué à ce rituel.

Le chat attrape des oiseaux

Causes possibles : les chats sont des prédateurs et il est dans leur nature de capturer et de manger de petits rongeurs et des oiseaux. C'est ainsi qu'ils se nourrissent lorsque personne ne s'occupe d'eux. Il ne s'agit pas de cruauté. Cependant, si votre chat s'abandonne trop largement à son instinct de chasse, cela peut être dû au fait qu'il n'a pas d'autre occasion d'exprimer son instinct.

Solution : jouez beaucoup avec lui, poussez-le à courir, sauter et chasser et offrez-lui des «substituts de proie», comme des balles ou des souris en peluche. Il pourra ainsi satisfaire son instinct de chasse et de prédation et ne chassera certainement plus autant à l'extérieur.

N'installez pas de petites maisons pour oiseaux si beaucoup de chats fréquentent votre jardin, ou bien protégez-les d'une clôture. Si nécessaire, il faut aussi enfermer votre chat à la période de la couvée des oiseaux (mai, juin). Il est extrêmement rare qu'un chat attrape un oiseau adulte et en bonne santé.

Les chats ne se supportent pas

Causes possibles : il s'agit d'animaux parvenus à maturité sexuelle, non castrés, qui vivent ensemble dans un endroit trop petit. Les mâles non castrés en particulier ne peuvent jamais cohabiter dans un espace trop restreint. La défense de leur propre territoire est un comportement inné, qui peut être plus ou moins marqué; il arrive aussi que des chats qui ont longtemps vécu en bonne entente deviennent soudain agressifs l'un vis-à-vis de l'autre, et qu'il y ait des combats sanglants ; les deux animaux peuvent aussi se rejeter dès le début pour des raisons incompréhensibles.

Solution : les animaux adultes qui ne sont pas utilisés pour l'élevage devraient être castrés (→ page 82). En outre, plus il y a d'espace, moins il y aura d'agressions, car chacun des chats a suffisamment de possibilités de s'isoler.

Il ne faut pas imposer purement et simplement à un chat présent depuis longtemps un autre chat. Il vaut mieux séparer le nouvel animal par un grillage au début, même s'il s'agit d'un chaton, qui sera plus facilement accepté. Ainsi, les deux animaux pourront se voir, se sentir et s'entendre, ainsi qu'entreprendre des premiers contacts. Si, au bout de quelques jours, ils paraissent amicaux, vous pouvez essayer de les laisser ensemble sous votre surveillance.

Il y a des chats que l'on ne peut jamais habituer l'un à l'autre, car il existe une inimitié individuelle entre eux, qu'il faut accepter. Dans ce cas, vous devez trouver un nouveau domicile pour l'un des chats.

Mon chat

Mettez ici la photo préférée de votre chat.

Nom

Né le

Eleveur | Castré le

Sexe

Numéro de tatouage / émetteur - récepteur

Race / couleur

Couleur des yeux | Poids le

Signes particuliers

Nourriture préférée

Une caractéristique typique de mon chat

Vétérinaire, nom, adresse

Les numéros de page indiqués en **gras** se rapportent aux photos et aux illustrations.

Chaton des forêts norvégien âgé de huit semaines.

Somali lièvre âgé de dix mois.

Chaton Maine Coon écaille de tortue âgé de cinq semaines.

Adresses utiles

Fédération Internationale Féline (FiFe)
Little Dene Lenham Heath
Maidstone
Kent ME 17 2 BS
Grande-Bretagne

Fichier national félin
10, place Léon-Blum
F-75011 Paris
Tél. : 01 44 93 30 30 ou 3617 Felitel

Fédération Féline Française (FFF) et Cat Club
75, rue Claude-Decaen
F-75012 Paris
Tél. : 01 46 28 26 09

Société protectrice des animaux (SPA)
39, boulevard Berthier
F-75017 Paris
Tél. : 01 43 80 40 66

Club Félin de Belgique
Cats Fancier's of Belgium
Avenue du Domaine, 171, bte 16
B-1190 Bruxelles
Tél. : 02 343 44 55

Société royale protectrice des animaux Veeweyde
Avenue d'Itterbeek, 600
B-1070 Bruxelles
Tél. : 02 527 10 50

Fédération Féline Helvétique (FFH)
Solothurner Str. 83
CH-4053 Basel

Assurance

Centre de documentation et d'information de l'assurance (CDIA)
2, rue de la Chaussée d'Antin
F-75 009 Paris
Tél. : 01 42 47 90 00

Conseils

Adressez-vous à un magasin spécialisé pour animaux ou renseignez-vous par Minitel : 3615 code FIDO ou CHADOG

Immatriculation des chats

Fichier national félin
10, place Léon-Blum
F-75 011 Paris
Tél. : 01 44 93 30 30

Ouvrages conseillés

Sous la direction du Dr Pierre Rousselet-Blanc :
Le chat, encyclopédie active, Larousse

Desmond Morris
Le chat révélé, Le livre de poche

G. Pugnetti (adaptation Paul-Henry Carlier) :
Les chats, Nathan

Franck Manolson et David Hardy:
Comprendre son chat, Bordas

Sous la direction d'Angela Sayer :
Le monde fascinant des chats, Gründ

Dr Joël Dehasse et Dr Colette de Buyser :
L'éducation du chat,
Ed. de l'Homme

Soigner son chat,
Hachette Livre (Hachette pratique)

Revues et magazines

Chat magazine

Atout Chat

Félimag (revue technique d'Atout Chat)
35, rue des Chantiers
BP 14
78 035 Versailles cedex

30 Millions d'amis - La vie des bêtes

L'auteur

Ulrike Müller bénéficie d'une longue expérience de l'élevage des chats et exerce la profession de juge dans des expositions félines organisées dans le monde entier. Elle est en outre l'auteur de plusieurs ouvrages.

L'illustratrice

Renate Holzner exerce la profession d'illustratrice indépendante à Regensburg. Son répertoire, très large, s'étend des dessins au trait jusqu'aux illustrations extrêmement réalistes en passant par la création assistée par ordinateur.

La photographe

Les photos de ce livre ont été réalisées par Monika Wegler, excepté celles des pages 36, 44 (en bas), 45 (en bas).
Elle est photographe professionnelle, journaliste et auteur de livres sur les animaux.
Elle s'est consacrée ces dernières années aux portraits d'animaux et à l'étude du comportement et du déplacement des chats et des chiens.

Photos de la couverture

Première
Chat mâle des forêts sibérien tabby et blanc (grande photo) ; chaton Exotic Shorthair shaded golden âgé de six semaines (petite photo).
Quatrième
Chat des forêts norvégien tabby noir de huit semaines en train de jouer.

L'édition originale de cet ouvrage a été publiée sous l'intitulé *Die Katze, mein Heimtier*, par Gräfe und Unzer Verlag GmbH, München.

2-501-02982-8
D.L. novembre 1998/0099/314

Conseils importants

En vivant auprès de chats, il peut arriver que vous soyez griffé ou mordu. Mieux vaut alors consulter votre médecin. Veillez à ce que votre chat reçoive bien tous les vaccins nécessaires, et qu'il soit vermifugé (voir pages 72 et 74), afin de ne pas mettre en danger sa santé ni la vôtre. Certaines maladies et certains parasites sont transmissibles à l'homme (voir pages 72 à 79). Si votre chat présente des symptômes de maladies, consultez sans tarder un vétérinaire. Si nécessaire, demandez conseil à votre propre médecin en lui signalant que vous avez un chat. De plus, certaines personnes sont allergiques aux poils des chats. En cas de doute, parlez-en à votre médecin avant de prendre un chat.

Il est possible que votre chat occasionne des dégâts, voire des accidents. Il vaut mieux que vous ayez une assurance responsabilité civile couvrant ce risque.

Questionnaire sur le chat (dos du livre)

Solutions

1b → (Les soins du chat, page 70 et photos, pages 46, 65 et 67).
2a → (Développement du chaton, page 87).
3b → (Les sens du chat, page 92)
4a → (Développement du chaton, page 87).
5b → (Développement du chaton, page 87).
6b → (Peur et défense, page 94).
7a → (Instinct de chasse et de prédation, page 95 et photos, pages 37, 62 et 63)
8b → (Chats et chiens, page 102).
9a → (Développement du chaton, page 87).

Chat des forêts norvégien.

Questionnaire sur les chats

En l'espace d'une année, les chatons apprennent tout ce qui leur sera utile dans leur vie d'adultes. Tu peux répondre au questionnaire suivant pour voir si tu as appris beaucoup de choses sur les chatons. Coche la bonne réponse sous chaque photo. Tu trouveras les solutions à la page 127.

Ce chaton est âgé de 7 semaines et déjà très entreprenant.

1 ☐ ***a) Les chats font leur toilette une fois par jour.***
☐ ***b) Ils font leur toilette plusieurs fois par jour.***

2 ☐ ***a) Les chatons ont besoin de leur mère jusqu'à l'âge de 3 mois.***
☐ ***b) Ils se débrouillent seuls dès qu'ils ont 6 semaines.***